JN059847

第４類消防設備士
過去問題集
鑑別編

ここ数年の試験に出たあらゆる問題を掲載！

工藤政孝　編著

弘文社

まえがき

本書は,「わかりやすい第４類消防設備士試験（弘文社)」「本試験によく出る４類問題集（弘文社)」「みんなの第４類消防設備士（弘文社)」などのテキストや問題集の実技部分を補完するために編集した鑑別の総合問題集です。

弘文社では，試験を受けられた方からの情報を募集しているため，個人や企業の方から大変多くの本試験情報が寄せられています。

しかし，これらの情報をすべてテキストや問題集に掲載することは不可能であり，かなりの割合の情報が使用できない状況にあります。

そこで，何かと「実技の情報が足りない」というご意見を耳にしていたので，今回，これらの情報をできるだけ生かした問題集を作ろうではないかと，企画，編集したのが本書なのです。

その内容については，できるだけ本試験において出題された内容を尊重しつつ，別の回で似たような出題があった場合は，それらを１つの問題の中に集約して,「スキ」をできるだけ作らないようにした問題作りをしました。

従って，時には設問数が若干多くなった問題もありますが，そのあたりご理解のほどよろしくお願いします。

また，多くの情報から問題を作成している関係上，ごく一部に内容が重複している箇所がありますが，この点についてもご理解のほどお願いいたします。

なお，冒頭に掲げたテキストや問題集同様，解説については，できるだけ詳しく解説するように試みましたが，名称などを答える問題等では，一部，状況により解説を省略しているものもあるので，ご了承のほどよろしくお願いいたします。

最後になりましたが，本書を手にされた方が一人でも多く「試験合格」の栄冠を勝ち取られんことを，紙面の上からではありますが，お祈り申しあげております。

なお，初版を出してから，課題がずいぶん見つかり，今回，大改訂版となりますが，初版とは大幅に内容をチェックして問題の入れ替えや追加を行いました。従って，初版より大幅にボリュームアップした内容になっておりますので，その醍醐味を十二分に堪能していただきたいと思います。

著者識

目　次

本書の使い方

本書を効率よく使っていただくために，次のことを理解しておいてください。

1．重要マークについて

よく出題される重要度の高い問題には，その重要度に応じて 

マークを1個，あるいは2個表示してあります。従って，「あまり時間がない」という方は，それらのマークが付いている問題から先に進めていき，時間に余裕ができた後に他の問題に当たれば，限られた時間を有効に使うことができます。

なお，出題率が非常に低いと思われるものには ,,, を表示してあります。

2．電気工事士の免状をお持ちの方へ

電気工事士の免状をお持ちで，第1問を免除で受験される方は，「本試験の第1問目に出題される問題」を省略して解答してください。

3．解答の方法について

各問題には解答欄を設けてありますが，何回も使用することを考えて，別紙に選択肢などの記号を記入して解答することをお勧め致します。

4．正誤の表示方法について

問題を解答していくと，正解した問題や間違えた問題などが出てきますが，その際，完全に正解した問題に○，正解したがまだ，完璧な自信が持てない問題には△，全くわからなかった問題には×と表示しておくと，第2回目以降の解答の際に役に立つと思います（第2回目は○の問題を省略し，△と×の問題のみ解答し，以後，最終的に△と×の問題が全て○になるまで繰り返せば完璧です）。

受験上の注意

1．受験申請

自分が受けようとする試験の日にちが決まったら，受験申請となるわけですが，大体試験日の1ヶ月半位前が多いようです。その期間が来たら，郵送で申請する場合は，なるべく早めに申請しておいた方が無難です。というのは，もし，申請書類に不備があって返送され，それが申請期間を過ぎていたら，再申請できずに次回にまた受験，なんてことになりかねないからです。

2．試験場所を確実に把握しておく

普通，受験の試験案内には試験会場までの交通案内が掲載されていますが，もし，その現場付近の地理に不案内なら，ネットなどで確認しておいた方がよいでしょう。

実際には，当日，その目的の駅などに到着すれば，試験会場へ向かう受験生の流れが自然にできていることが多く，そう迷うことは少ないとは思いますが，そこに着くまでの電車を乗り間違えたり，また，思っていた以上に時間がかかってしまった，なんてことも起こらないとは限らないので，情報をできるだけ正確に集めておいた方が精神的にも安心です。

3．受験前日

これは当たり前のことかもしれませんが，当日持っていくものをきちんとチェックして，前日には確実に揃えておきます。特に，受験票を忘れる人がたまに見られるので，筆記用具とともに再確認して準備しておきます。

なお，解答カードには，「必ずHB，又はBの鉛筆を使用して下さい」と指定されているので，HB，又はBの鉛筆を2～3本と，できれば予備として濃い目のシャーペンなどを準備しておくと安心です（100円ショップなどで売られているロケット鉛筆があれば重宝するでしょう）。

特別公開　これが消防設備士試験だ！
本試験はこう行われる

（1）　試験の概要

まず，初めて試験を受けられる方のために，本試験の概要を次に挙げておきます。

①　試験時間は十分あるか？

⇒　甲種は**3時間15分**，乙種は**1時間45分**もあるので，やはり，練習問題を何回も繰り返していれば，十分にあると思います。

②　試験の形式について

⇒　甲種は筆記**45問**，鑑別**5問**，製図**2問**出題されます。
（乙種は最後の製図2問がない）

③　時間配分について

時間配分については，そこまで決めなくてもよいかもしれませんが，意外と筆記に時間がかかり，鑑別や製図を短時間で解かなければならなかった，なんてことも無きにしも非(あら)ずなので，一応，目安の参考例を次に挙げておきます。

1．甲種の場合

①で説明しましたように，甲種の場合，時間は**3時間15分**もあります。

従って，筆記のリミットを1問1分として**45分**，鑑別のリミットを1問5分と見て，5問で25分なので余裕をみて**30分**。すると，残りは2時間もあります。

製図の第2問は，一般的に系統図が多いので，さほど解答には時間が取られないことを考えて20分とみると，製図の第1問の平面図に最大1時間40分もかけることができますが，一応，**40**分をリミットとしておきます。すると，残りは1時間もあります。

以上を目安として，おおむね**「筆記45分，鑑別30分，製図1時間」**が解答のリミットと把握しておけば，1時間も余裕ができるので大丈夫かと思います。

2．乙種の場合

乙種の場合は製図がないので，おおむね筆記**45分**，**鑑別30分**とみておけばよろしいかと思います。

●鑑別⇒1問あたり**5分**が目安

④　トイレについて

⇒　原則として，トイレであっても途中退出はできません。従って，試験前，できれば試験官が「これからトイレタイムを取ります」と言ったときに行っておいた方がよいでしょう（試験中に試験官が付き添いでトイレに行った例はあるにはあるそうですが，監督業務ができなくなるので，やはり，避けるべきでしょう）。

⑤ 鉛筆や消しゴムを忘れた場合はどうなる？

⇒ 一応，試験官が忘れた人のために鉛筆を持参してきているのが一般的ですが，消しゴムに関しては未確認です。

⑥ 試験用紙はどのくらいの大きさか？

⇒ 受験申請する際に，消防署などで受験願書をもらうと思いますが，あれとほぼ同じ大きさ（おおむねＡ４の大きさ）です。

以上です。
ぜひ，持てる力を十二分に発揮して，合格通知を手にしてください！

（２） 本試験のシミュレーション

初めて消防設備士試験を受けられる方にとっては，試験場の雰囲気や試験の実施状況など，わからないことがほとんどだと思います。そこで，初めて受験される方を対象として，本試験の流れを解説してみたいと思います。

試験当日が来ました。試験会場には，高校や大学が多いようですが，ここでは，とある大学のキャンパスを試験会場として話を進めていきます。

なお，集合時間は13時00分で，試験開始は13時30分とします。

１．試験会場到着まで

まず，最寄の駅に到着します。改札を出ると，受験生らしき人々の流れが会場と思われる方向に向かって進んでいるのが確認できると思います。その流れに乗って行けばよいというようなものですが，当日，別の試験が別の会場で行われている可能性が無きにしもあらずなので，場所の事前確認は必ずしておいてください。

受験生の流れ

さて，そうして会場に到着するわけですが，少くとも，12時45分までには会場に到着するようにしたいものです。特に初めて受験する人は，何かと勝手がわからないことがあるので，十分な余裕を持って会場に到着してください。

2．会場に到着

大学の門をくぐり，会場に到着すると，図のような案内の張り紙が張ってあるか，または立てかけてあります。

これは，どの受験番号の人がどの教室に入るのか，という案内で，自分の受験票に書いてある受験番号と照らし合わせて，自分が行くべき教室を確認します。

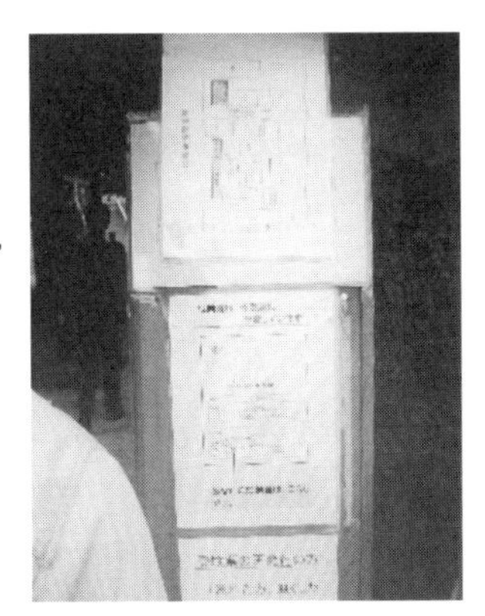

案内板

3．教室に入る

自分の受験会場となる教室に到着しました。すると，黒板のところに，ここにも何やら張り紙がしてあります。これは，どの受験番号の人がどの机に座るのか，という案内で，自分の受験番号と照らし合わせて自分の机を確認して着席します。

4．試験の説明

会場によっても異なりますが，一般的には13時になると，試験官が問題用紙を抱えて教室に入ってきます(13時過ぎに入ってくる会場もある)。従って，それまでにトイレは済ませておきたいですが，30分も説明タイムは取らないので，試験官がトイレタイムを取るところが一般的です。

そして，試験官の説明，となりますが，内容は，試験上の注意事項のほか，問題用紙や解答カードへの記入の仕方などが説明されます。それらがすべて終ると，試験開始までの時間待ちとなります。

5．試験開始

「それでは，試験を開始します」という，試験官の合図で試験が始まります。初めて受験する人は少し緊張するかもしれませんが，時間は十分あるので，ここはひとつ冷静になって一つ一つ問題をクリアしていきましょう。

なお，その際の受験テクニックですが，巻末の模擬試験の冒頭にも記してありますが，簡単に説明すると，

① 難しい問題だ，と思ったら，とりあえず何番かに答を書いておき，後回しにします（⇒難問に時間を割かない)。

② 時間配分をしておく。

P. 7（1）の③で説明しましたように，ある程度の時間配分をしておくと，「製図の解答時間が足りなかった」などという“悲劇”を味わなくても済むので，「筆記のタイムリミットは○○時○○分」などという目安を付けておくことをお勧めします。

6．途中退出

試験開始から35分経過すると，試験官が「それでは35分経過しましたので，途中退出される方は，机に張ってある受験番号のシールを問題用紙の名前が書いてあるところの下に張って，解答カードとともに提出してから退出してください。」などという内容のことを通知します。

すると，もうすべて解答し終えたのか(それとも諦めたのか？)，少なからずの人が席を立ってゴソゴソと準備をして部屋を出て行きます。そして，その後も，パラパラと退出する人が出てきますが，ここはひとつ，そういう"雑音"に影響されずにマイペースを貫きましょう。

7．試験終了

試験終了5分ぐらい前になると，「試験終了まで，あと5分です。名前や受験番号などに書き間違えがないか，もう一度確認しておいてください」などと試験官が注意するので，その通りに確認するとともに，解答の記入漏れが無いかも確認しておきます。

そして，4時45分になって，「はい，試験終了です」の声とともに試験が終了します。

以上が，本試験をドキュメント風に再現したものです。地域によっては多少の違いはあるかもしれませんが，おおむね，このような流れで試験は進行します。従って，前もってこの試験の流れを頭の中にインプットしておけば，さほどうろたえる事もなく，試験そのものに集中できるのではないかと思います。

受験案内

1．消防設備士試験の種類

消防設備士試験には，次の表のように甲種が特類および第1類から第5類まで，乙種が第1類から第7類まであり，甲種が工事と整備を行えるのに対し，乙種は整備のみ行えることになっています。

表1

	甲種	乙種	消防用設備等の種類
特　類	○		特殊消防用設備等
第1類	○	○	屋内消火栓設備，屋外消火栓設備，スプリンクラー設備，水噴霧消火設備
第2類	○	○	泡消火設備
第3類	○	○	不活性ガス消火設備，ハロゲン化物消火設備，粉末消火設備
第4類	○	○	自動火災報知設備，消防機関へ通報する火災報知設備，ガス漏れ火災警報設備
第5類	○	○	金属製避難はしご，救助袋，緩降機
第6類		○	消火器
第7類		○	漏電火災警報器

2．受験資格

（詳細は消防試験研究センターの受験案内を参照して確認して下さい）

(1)　乙種消防設備士試験

受験資格に制限はなく誰でも受験できます。

(2)　甲種消防設備士試験

甲種消防設備士を受験するには次の資格などが必要です。

＜国家資格等による受験資格（概要）＞

①　（他の類の）甲種消防設備士の免状の交付を受けている者。

②　乙種消防設備士の免状の交付を受けた後2年以上消防設備等の整備の経験を有する者。

③　技術士第2次試験に合格した者。

④　電気工事士

⑤　電気主任技術者（第１種～第３種）
⑥　消防用設備等の工事の補助者として，５年以上の実務経験を有する者。
⑦　専門学校卒業程度検定試験に合格した者。
⑧　管工事施工管理技術者（１級または２級）
⑨　工業高校の教員等
⑩　無線従事者（アマチュア無線技士を除く）
⑪　建築士
⑫　配管技能士（１級または２級）
⑬　ガス主任技術者
⑭　給水装置工事主任技術者
⑮　消防行政に係る事務のうち，消防用設備等に関する事務について３年以上の実務経験を有する者。
⑯　消防法施行規則の一部を改定する省令の施行前(昭和41年１月21日以前)において，消防用設備等の工事について３年以上の実務経験を有する者。
⑰　旧消防設備士（昭和41年10月１日前の東京都火災予防条例による消防設備士）

<学歴による受験資格（概要）>
（注：単位の換算はそれぞれの学校の基準によります）

①　大学，短期大学，高等専門学校（５年制），または高等学校において機械，電気，工業化学，土木または建築に関する学科または課程を修めて卒業した者。
②　旧制大学，旧制専門学校，または旧制中等学校において，機械，電気，工業化学，土木または建築に関する学科または課程を修めて卒業した者。
③　大学，短期大学，高等専門学校(５年制)，専修学校，または各種学校において，機械，電気，工業化学，土木または建築に関する授業科目を15単位以上修得した者。
④　防衛大学校，防衛医科大学校，水産大学校，海上保安大学校，気象大学校において，機械，電気，工業化学，土木または建築に関する授業科目を15単位以上修得した者。
⑤　職業能力開発大学校，職業能力開発短期大学校，職業訓練開発大学校，または職業訓練短期大学校，もしくは雇用対策法の改正前の職業訓練法による中央職業訓練所において，機械，電気，工業化学，土木または建築に関する授業科目を15単位以上修得した者。
⑥　理学，工学，農学または薬学のいずれかに相当する専攻分野の名称を付記された修士または博士の学位を有する者。

3．試験の方法

⑴　試験の内容

試験には，甲種，乙種とも筆記試験と実技試験があり，表2のような試験科目と問題数があります。

試験時間は，甲種が3時間15分，乙種が1時間45分となっています。

表2　試験科目と問題数

	試験科目		問題数		試験時間
			甲種	乙種	
筆記	基礎的知識	機械に関する部分			甲種：3時間15分 乙種：1時間45分
		電気に関する部分	10	5	
	消防関係法令	各類に共通する部分	8	6	
		4類に関する部分	7	4	
	構造機能および工事又は整備の方法	機械に関する部分			
		電気に関する部分	12	9	
		規格に関する部分	8	6	
	合計		45	30	
実技	鑑別等		5	5	
	製図		2		

⑵　筆記試験について

解答はマークシート方式で，4つの選択肢から正解を選び，解答用紙の該当する番号を黒く塗りつぶしていきます。

⑶　実技試験について

実技試験には鑑別等試験と製図試験があり，写真やイラスト，および図面などによる記述式です。

なお，乙種の試験には製図試験はありません。

4．合格基準

①　筆記試験において，各科目ごとに出題数の40％以上，全体では出題数の60％以上の成績を修め，かつ，

②　実技試験において60％以上の成績を修めた者を合格とします。

（試験の一部免除を受けている場合は，その部分を除いて計算します。）

5．試験の一部免除

一定の資格を有している者は，筆記試験または実技試験の一部が免除されます。

(1) 筆記試験の一部免除

① 他の国家資格による筆記試験の一部免除

次の表の国家資格を有している者は，○印の部分が免除されます。

表3

試験科目＼資格		電気電子部門の技術士	電気主任技術者	電気工事士
基礎的知識	電気に関する部分	○	○	○
消防関係法令	各類に共通する部分			
	4類に関する部分			
構造機能及び工事，整備	電気に関する部分	○	○	○
	規格に関する部分	○		

② 消防設備士資格による筆記試験の一部免除

＜甲種消防設備士試験での一部免除＞

○ 他の類の甲種消防設備士免状を有している者

⇒ 消防関係法令のうち，「各類に共通する部分」が免除

＜乙種消防設備士試験での一部免除＞

○ 他の類の甲種消防設備士，または乙種消防設備士免状を有している者

⇒ 消防関係法令のうち，「各類に共通する部分」が免除

なお，乙種7類の消防設備士免状を有している者が乙種4類の消防設備士試験を受験する際には，上記のほか更に「電気に関する基礎的知識」も免除されます。

(2) 実技試験の一部免除

電気工事士の資格を有する者は，鑑別等試験のうち第1問（電気工事に用いる計測器や工具など）が免除されます。

6．受験手続き

試験は(一財)消防試験研究センターが実施しますので，自分が試験を受けようとする都道府県の支部の他，試験の日時や場所，受験の申請期間，および受験願書の取得方法などを調べておくとよいでしょう。

一般財団法人 消防試験研究センター 中央試験センター
〒151-0072
東京都渋谷区幡ヶ谷１－13－20
電話 03-3460-7798
Fax 03-3460-7799
ホームページ：https://www.shoubo-shiken.or.jp/

7．受験地

全国どこでも受験できます。

8．複数受験について

試験日，または試験時間帯によっては，４類と７類など，複数種類の受験ができます。詳細は受験案内を参照して下さい。

※本項記載の情報は変更される場合があります。試験機関のウェブサイト等で必ずご確認下さい。

第1章

本試験の
第1問目に出題される問題

（電気工事士所持で免除される問題）

(1) 感知器

まれに，1問目に感知器が出題されることもありますが，2問目以降でも出題されているので，ここでは省略してあります。

(2) 感知器付属品

【問題1】 下の写真は，差動式分布型感知器の空気管式の設置に使用されている部品を示したものである。A～D の名称を下記の語群から選び記号で答えなさい。

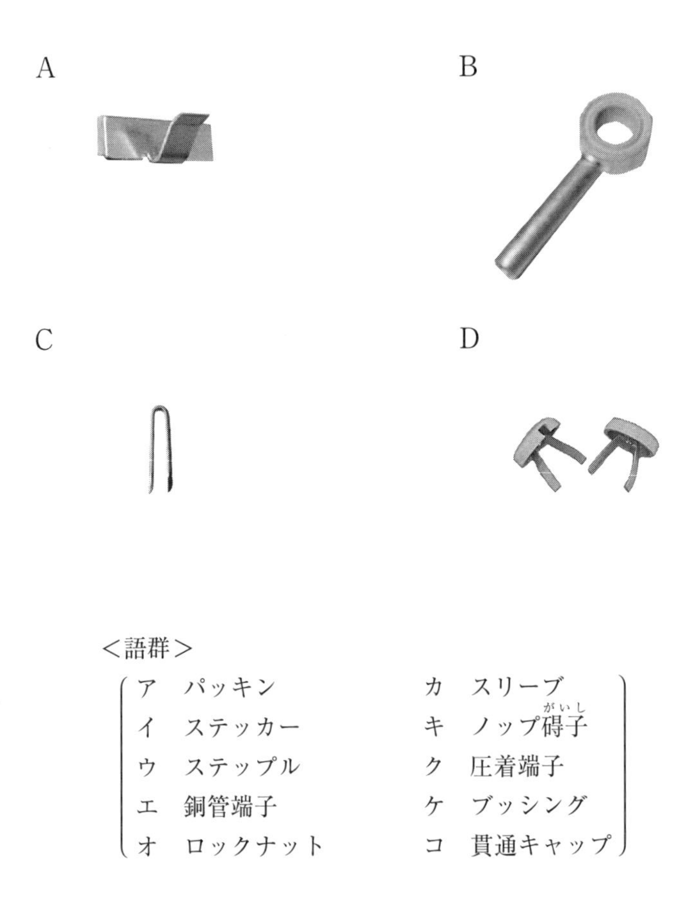

<語群>

ア	パッキン	カ	スリーブ
イ	ステッカー	キ	ノップ碍子
ウ	ステップル	ク	圧着端子
エ	銅管端子	ケ	ブッシング
オ	ロックナット	コ	貫通キャップ

解答欄

	A	B	C	D
名称				

問題1の解説・解答

＜解説＞

AとCは，空気管を造営材に取り付ける際に用いる部品，Bは，空気管を検出部に接続する際に用いる部品，Dは，空気管が壁やはりなどを貫通した箇所をふさぐ部品です。

解答

	A	B	C	D
名称	イ	エ	ウ	コ

【問題2】 下の写真に示す部品は，差動式分布型感知器（空気管式）の取り付けの際に使用することがあるが，この部品の名称を，下記の語群から選び記号で答え，かつ，その用途を答えなさい。

A　　　　　　B

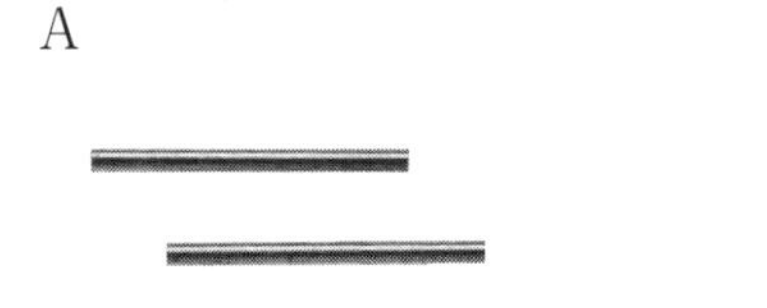

<語群>

ア．サドル	エ．クリップ
イ．ブッシング	オ．キャップ
ウ．カップリング	カ．スリーブ

解答欄

	名　称	用　　途
A		
B		

問題2の解説・解答

解答

	名　称	用　　途
A	**カ**	**空気管どうしを接続する際に用いる。**
B	**エ**	**空気管を天井などに取り付ける際に用いる。**

【問題 3】 下の図は，差動式分布型感知器（空気管式）の空気管の接続状況を示したものである。次の各設問に答えなさい。

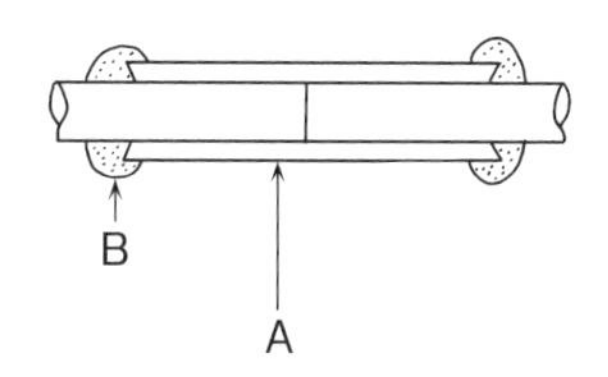

設問 1 矢印 A で示す部品の名称および用途を答えなさい。

設問 2 矢印 B で示す箇所に施す作業を答えなさい。

解答欄

設問 1	名称： 用途：
設問 2	

問題 3 の解説・解答

解答

設問 1	名称：**スリーブ** 用途：**空気管どうしを接続する。**
設問 2	**ハンダ付け**

(3) 受信機関連

【問題1】 下の写真に示す自動火災報知設備の部品について，次の各設問に答えなさい。

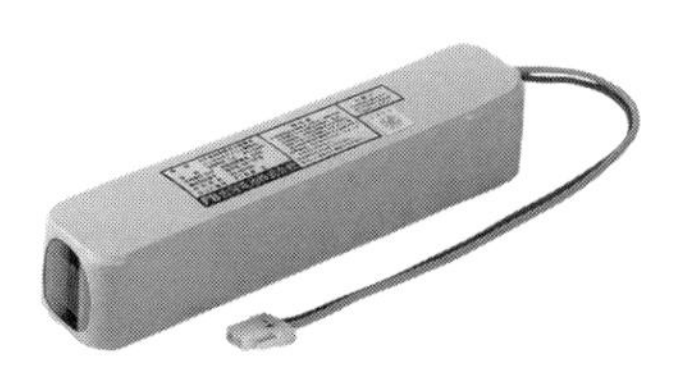

設問1　この部品の名称について，答えなさい。

設問2　設問1の部品をP型受信機用として使用した場合に必要とされる性能について記載した以下の文章中，空欄に当てはまる数値を答えなさい。

「監視状態を［ ① ］分間継続した後，2の警戒区域の回線を作動させることができる消費電流を［ ② ］分間継続して流すことができる容量以上であること。」

設問3　この器具に付いている国が定めた規格に適合していることを示すマークは次のうちどれか。

(1) 

(2) 

(3) 

(4) 消

解答欄

設問1	
設問2	① ②
設問3	

問題1の解説・解答

<解説>

設問3 (3) はメーカーの依頼を受けて日本消防検定協会が鑑定し，国の規格に適合していると保証する受託評価適合品に付す**NSマーク**と呼ばれるものです。(1) は閉鎖型スプリンクラー，(2) は消火器の検定合格マーク，(4) は結合金具の自己認証表示マーク（メーカーが国の規格に適合していることを国に届け出て，それを表示するマーク）です。

解答

設問1	**予備電源（バッテリー）**
設問2	① 60 ② 10
設問3	(3)

(4) 試験器関係

【問題1】 下の図に示す器具について，その名称と用途を答えなさい。

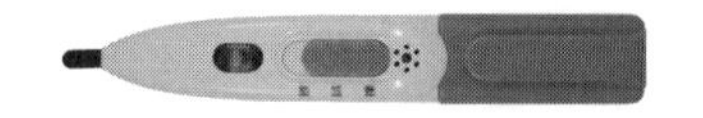

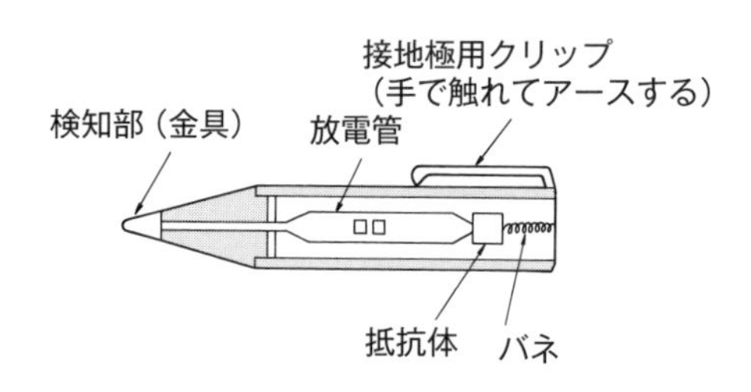

解答欄

名称	
用途	

問題1の解説・解答

解答

名称	**検電器(低圧用)　(注:「ネオン発光式検電器」ともいう)**
用途	**電気が通電しているかを確認する。**

なお，検電器には下の図のような電子回路式のものもあり，低圧のみならず高圧にも使用でき，交流専用又は交流直流両用のものがあります。

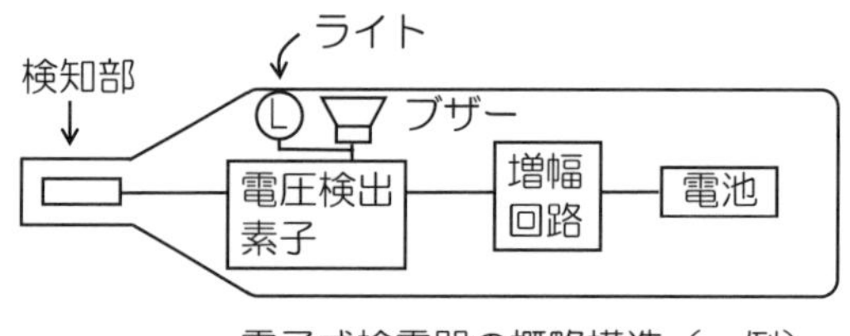

電子式検電器の概略構造(一例)

(5) 計測器

【問題 1】

下の写真 A，B は，電路の測定用器具を示したものである。
次の各設問に答えなさい。

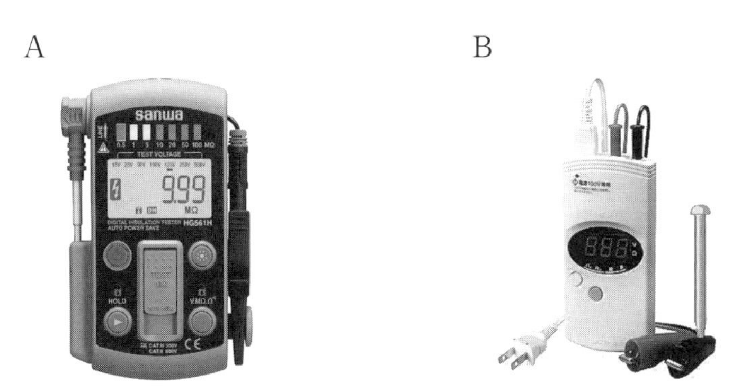

設問 1　各々の名称及び主な使用目的を答えなさい。

設問 2　「A の機器で 200V 回路を測定する場合，直流（A）V のものを用いて測定し，結果は（B）Ω ① 以上，② 以下であること。」
　この文章内における（A）（B）の数値を答え，また，下線部 ① ② のうち，適切なものを記入しなさい。

設問 3　「B の機器で 300V 以下の回路を測定した際，(　) Ω ① 以上，② 以下であること。」
(　) 内の数値を答え，また，下線部 ① ②のうち，適切なものを記入しなさい。

解答欄

		名　称	主な使用目的
設問1	A		
	B		
設問2	(A)： (B)： ・		
設問3	：		

問題1の解説・解答

＜解説＞

設問2　Aの絶縁抵抗計で絶縁抵抗を測定する場合，**直流250V**のものを用い，その測定値は低圧の場合，次のようになっています。

・対地電圧が150V以下　　　　　　：0.1 MΩ以上
・対地電圧が150Vを超え300V以下：**0.2 MΩ以上**
・対地電圧が300Vを超える場合　　：0.4 MΩ以上

従って，200V回路の場合は，真ん中の0.2 MΩ以上となります。

設問3　接地工事には，A種，B種，C種，D種接地工事があり，このうち，C種の300Vを超え600V以下は10Ω以下，D種の300V以下は**100Ω以下**と定められています。

解答

		名　称	主な使用目的
設問1	A	**絶縁抵抗計**	**電線相互間及び電路と大地間の絶縁抵抗を測定する。**
	B	**接地抵抗計**	**接地電極と大地間の接地抵抗を測定する。**
設問2	(A)：**250** (B)：**0.2 M** ・①		
設問3	・**100** ・②		

問題１の参考資料……接地抵抗の測定方法

接地抵抗を測定したい接地極（被測定接地極（E））から約 10 m に第１補助接地極（P））を，更にその延長線上の約 10 m 離れたところに第２補助接地極（C））を打ち込み，接地抵抗計のＥ端子をＥに，Ｐ端子をＰに，Ｃ端子をＣにそれぞれ接続して測定ボタンを押し，表示された接地抵抗値から良否を確認する。

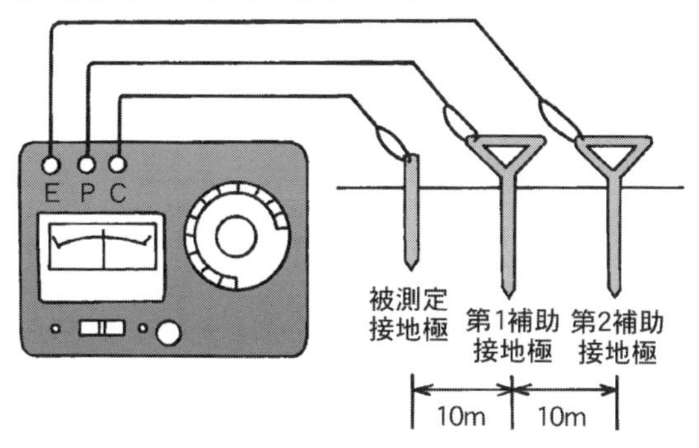

【問題２】 次の測定用器具を用いて行う「ある試験」の名称及び写真の設定レンジ（500Ｖを表示している）の状態で使用する目的を答えなさい。

解答欄

試験の名称	
使用目的	

問題2の解説・解答

＜解説＞

測定レンジが500Vなので，600V以下の低圧回路，機器の絶縁測定になります。

解答

試験の名称	**絶縁抵抗試験**
使用目的	**低圧の回路や機器の絶縁測定**

問題の絶縁抵抗計はデジタル式ですが，下の写真のようなアナログ式のものもあります。

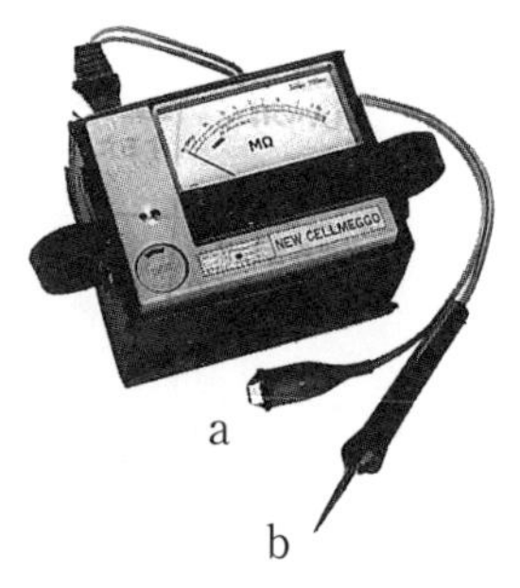

a

b

（a は接地端子，b は線路端子）

類題　右上の器具において，a のリード線を接続する箇所を答えなさい。

解答欄

類題の解説・解答

<解説>

（被測定回路のブレーカをOFFにして）aのワニ口クリップの方を被測定回路の端子盤等の接地端子に接続し，bのライン端子の方は電路などの被測定回路に当てて絶縁抵抗を測定します。

解答

接地端子

(6) 工具等

【問題1】 下の写真A～Fは，電線管工事に使用する工具である。それぞれの名称を次頁の語群から選び記号で答え，また，その用途も答えなさい。

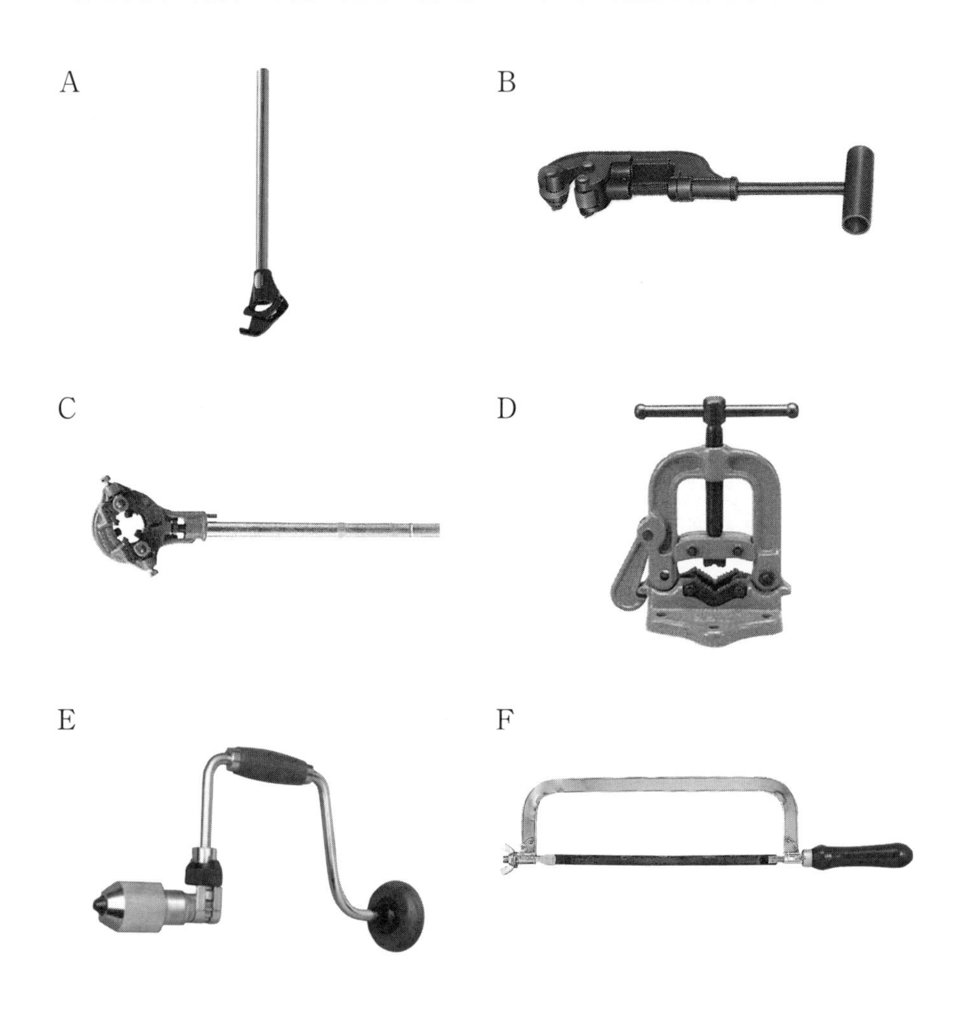

＜語群＞

ア　パイプカッタ
イ　パイプバイス
ウ　クリックボール
エ　パイプベンダ
オ　フレアリングツール
カ　ねじ切り器
キ　金切りのこ

解答欄

	名　称	用　　途
A		
B		
C		
D		
E		
F		

問題1の解説・解答

＜解説＞

Aは，金属管を曲げる際に用いる**パイプベンダ**，Bは，金属管などを切断する際に用いる**パイプカッタ**，Cは，金属管にねじを切る際に用いる**ねじ切り器**，Dは，金属管を切断する際などに金属管を固定する**パイプバイス**になります。

Eは金属管切断面の内面のバリを取り滑かにする工具であるリーマ*を先端に装着して回転させる工具，Fは金属管を切断する際に用いる**金切りのこ**です。

解答

	名　称	用　　途
A	**エ**	**金属管を曲げる際に用いる。**
B	**ア**	**金属管などを切断する際に用いる。**
C	**カ**	**金属管にねじを切る際に用いる。**
D	**イ**	**金属管を固定する際に用いる。**
E	**ウ**	**リーマ※を先端に装着して回転させる工具**
F	**キ**	**金属管を切断する際に用いる。**

※リーマ：金属管切断面の内面のバリを取り滑かにする工具

リーマ

パイプベンダ

【問題 2】 下の写真 A～D に示す工具の名称を答え，また，その用途に該当する説明をア～エから選び番号で答えなさい。

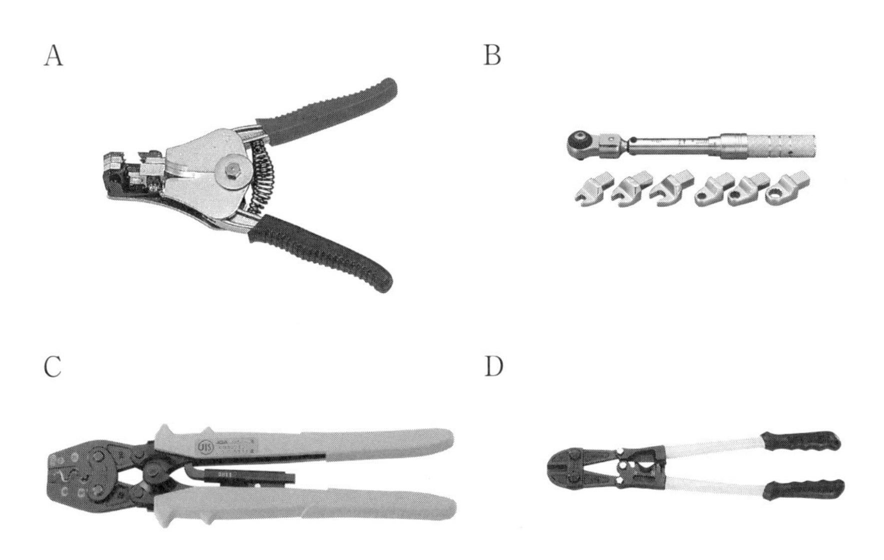

＜語群＞

ア　ペンチなどでは切ることができない太い電線の切断に使用する。
イ　圧着端子を用い，電線と器具端子や電線相互を接続するのに使用する。
ウ　電線の被覆のはぎ取りに使用する。
エ　金属管等を一定のトルクで締め付けるのに使用する。

解答欄

	名　称	用　　途
A		
B		
C		
D		

問題2の解説・解答

解答

	名　称	用　　途
A	**ワイヤーストリッパー**	**ウ**
B	**トルクレンチ**	**エ**
C	**圧着ペンチ**	**イ**
D	**ボルトカッタ(またはボルトクリッパ)**	**ア**

Aは,絶縁電線の被覆をはぎ取る工具,Bは,ボルトやナットなどを一定のトルクで締め付ける工具(ソケットを交換することにより数種類のボルトやナットに使用することができる)で,ラチェット型トルクレンチでも正解です。Cは,スリーブ※内に電線を入れ,圧着して接続する工具,Dは,鋼材や太い電線の切断に用いる工具です。

スリーブ

【問題 3】 下の写真 A～F は，電線管工事に使用する工具である。それぞれの名称を下記の語群から選び記号で答え，また，その用途も答えなさい。

A

B

C

D

E

F

＜語群＞

ア．ニッパー
イ．圧着ペンチ
ウ．ラジオペンチ
エ．絶縁ペンチ
オ．ワイヤーストリッパー
カ．ウォーターポンププライヤ
キ．Cu スリーブ
ク．クリップ
ケ．パイプレンチ
コ．圧着スリーブ
サ．ペンチ

解答欄

	名　称	用　　途
A		
B		
C		
D		
E		
F		

問題3の解説・解答

解答

	名　称	用　　途
A	カ	通常のプライヤが挟むものより大きなものを挟んで曲げたり，回転等をさせる工具。
B	ウ	針金や銅線を曲げたり切断する際などに使用するが，通常のペンチより細かい作業に用いる工具。
C	ア	針金や銅線などを切断する際に用いる専用工具
D	エ	針金や銅線を挟んで曲げたり，引っ張ったり，あるいは切断する工具で，柄の部分に感電防止のための絶縁性素材(ビニールなど)を使用したもの。
E	サ	電線や針金をはさんで曲げたり，切断等をするのに用いる。
F	ケ	配管等をはさんで回す際に用いる。

【問題４】 下の写真Ａ～Ｄは，電線管工事に使用する器具である。それぞれの名称を下記の語群から選び記号で答え，また，その用途も答えなさい。

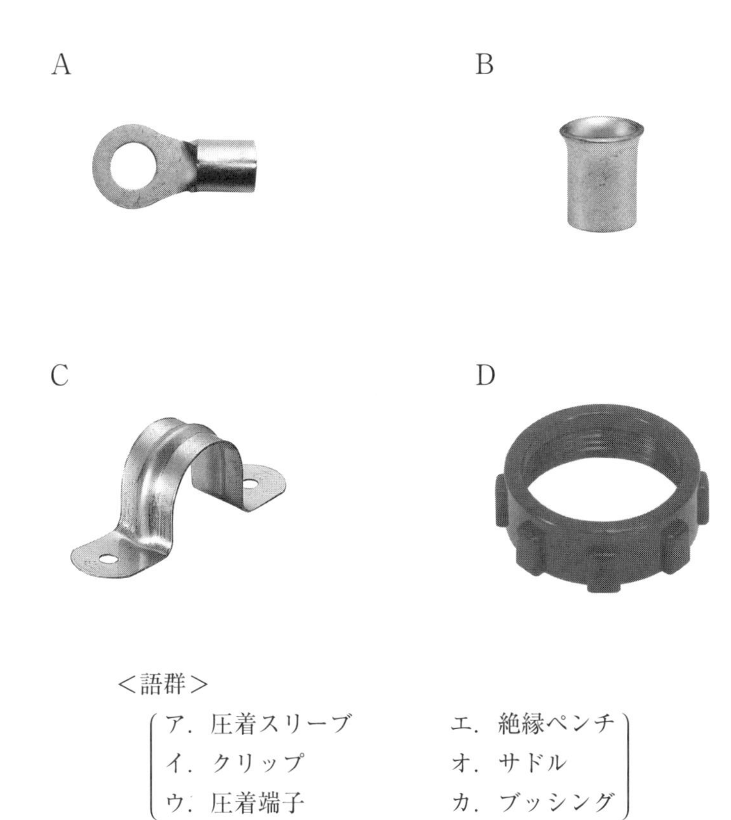

＜語群＞

ア．圧着スリーブ	エ．絶縁ペンチ
イ．クリップ	オ．サドル
ウ．圧着端子	カ．ブッシング

解答欄

	名　称	用　　途
A		
B		
C		
D		

問題4の解説・解答

解答

	名　称	用　途
A	ウ	電線を圧着して接続し，端子などに接続する。
B	ア	スリーブ内に電線を入れ，圧着ペンチで圧着して接続する。
C	オ	金属管等を造営材に固定するのに用いる。
D	カ	金属管の先端に取り付けて電線を保護するために用いる。

【問題 5】 下の写真に示す工具について，次の各設問に答えなさい。

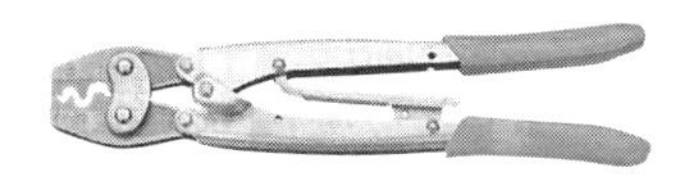

設問 1 この工具の名称を答えなさい。

設問 2 この工具の用途を答えなさい。

設問 3 この工具を使用する際に留意する点を 2 つ答えなさい。

解答欄

設問 1	
設問 2	
設問 3	・ ・

問題 5 の解説・解答

解答

設問 1	圧着ペンチ
設問 2	複数の電線をリングスリーブに入れて圧着したり，または，電線を圧着端子に入れて圧着して接続する。
設問 3	・圧着端子やリングスリーブは，圧着する電線の太さと本数によって定められた大きさのものを使用する。 ・圧着端子やリングスリーブのサイズに適合した部分（歯口という）を使用して圧着する。 ・電線の被覆をむく際は，長すぎたり，短かすぎたりしないよう，適切な長さとすること。 （これらのうちの 2 つを答える）

(7) その他

【問題1】 下の写真に示す器具について，次の各設問に答えなさい。

設問1　この器具の名称を答えなさい。

設問2　矢印部分に示された数字の意味を答えなさい。

解答欄

設問1	
設問2	

問題1の解説・解答

＜解説＞

設問1　配線用遮断器は，過負荷や短絡などで過電流が流れた際に回路を遮断するもので，**ブレーカ**ともいいます。

設問2　定格電流以上の電流が流れた際に回路を遮断します。

解答

設問1	**配線用遮断器**
設問2	**定格電流**

第2章

感知器

【問題1】

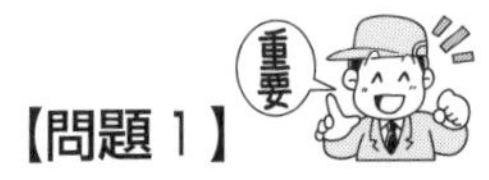

下の写真は，公称作動温度が60℃の感知器である。
次の各設問に答えなさい。

設問1　この感知器の名称を答えなさい。

設問2　この感知器を天井等に取り付ける場合，感知器の下端はその取り付け面から何m以内でなければならないかを答えなさい。

設問3　この感知器を取り付けることができる部屋の正常時における最高周囲温度は何℃以下とされているかを答えなさい。

解答欄

設問1	
設問2	m以内
設問3	℃以下

問題1の解説・解答

＜解説＞

設問2　感知器は取付け面の下方**0.3m**（煙感知器は**0.6m**）**以内**に設ける必要があります。

設問3　熱感知器のうち，定温式スポット型感知器と補償式スポット型感知器には，次のように最高周囲温度に関する基準があります。

『正常時における最高周囲温度が感知器の公称作動温度より**20℃以上**低い場所に設けること』

従って，公称作動温度が60℃なので，それより20℃以上，つまり，40℃以下の場所にしか設置することができません。

解答

設問1	**定温式スポット型感知器**
設問2	0.3　　　　m以内
設問3	40　　　　℃以下

【問題2】

次に示す感知器について，次の各設問に答えなさい。

設問1　この感知器に2本のリード線が付いている場合，この感知器は，①非防水型，②防水型のうち，いずれが該当するかを，記号で答えなさい。

設問2　この感知器の作動原理について答えなさい。

解答欄

設問1	
設問2	

問題２の解説・解答

<解説>

設問１　バイメタル式の定温式スポット型感知器ですが，防水型には２本のリード線が付いています。

解答

設問１	②
設問２	**円形バイメタルが熱を感知すると反転して接点を閉じる。**

（注：設問２は，「どの**部品**が，どのようになると作動するのか，答えなさい」という文章で出題される場合がある⇒「**バイメタル**が熱を受けて反転して接点を閉じ，火災信号を発信する。」）

【問題3】 下の写真の感知器を図のように取り付けた。この感知器の設置基準として正しいものに○，誤っているものに×を付けなさい。

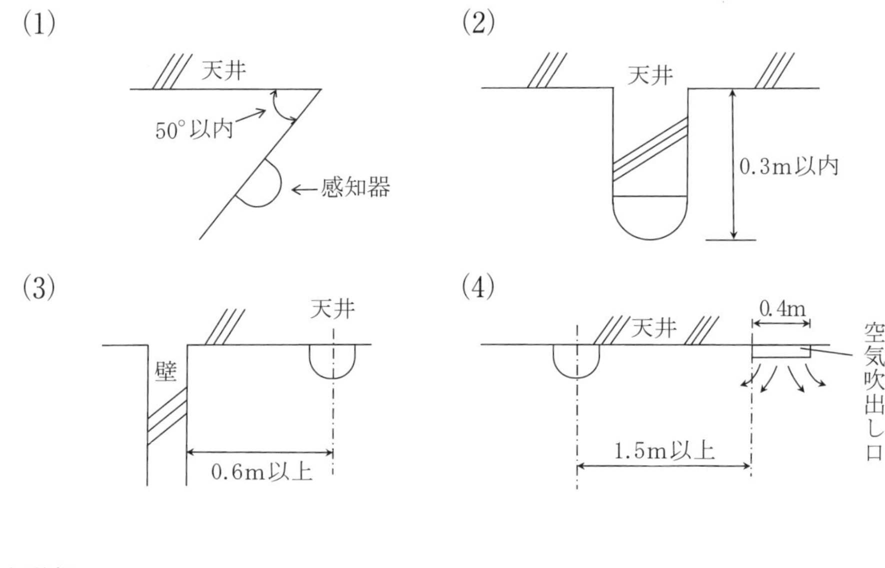

解答欄

(1)	(2)	(3)	(4)

問題 3 の解説・解答

<解説>

まず，写真の感知器は**定温式スポット型感知器**です。

(1) 下記の感知器の機能に異常を生じない傾斜角度の最大値の表より，スポット型の傾斜は **45 度以内**に設置しないといけないので，誤りです(このようなケースの場合，下図のように座板を用いて設置します)。

差動式分布型感知器（検出部に限る）	5 度
スポット型（炎感知器は除く）	45 度
光電式分離型（アナログ式含む）と炎感知器	90 度

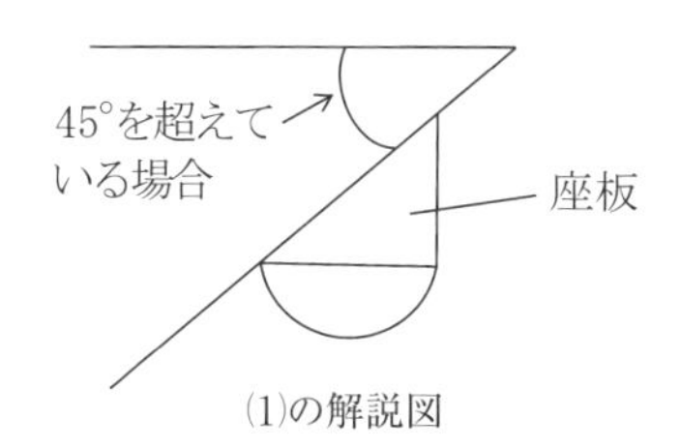

(1)の解説図

(2) 感知器は取付け面の下方 **0.3 m**(煙感知器は 0.6 m) **以内**に設ける必要があるので，正しい。

(3)「壁や，はりからは 0.6 m 以上離すこと。」という基準が定められているのは，煙感知器のみなので，熱感知器の場合，壁から 0.6 m 以上離す必要はありません。

(4) 空気吹き出し口については,「空気吹き出し口から **1.5 m 以上**離して設けること（光電式分離型，差動式分布型，炎感知器は除く)。」と定められているので，正しい。

解答

(1)	(2)	(3)	(4)
×	○	×	○

P. 86 の問題20と似ていますが，問題20は煙感知器に関する問題です。

【問題4】 次の写真は，差動式スポット型感知器の裏面の状況を示したものである。次の各設問に答えなさい。

設問1 矢印で示す装置の名称を答えなさい。

設問2 設問1で示した装置は，① どんな時，② どんな働きをするか，について答えなさい。

解答欄

設問1	
設問2	① ②

問題 4 の解説・解答

<解説>

リーク孔は，火災ではない緩やかな温度上昇（暖房の熱など）があった場合，誤作動を防止するため，その空気の膨張分を逃がすための穴です。

こうしておくと，日常的な温度上昇があっても「接点を閉じて誤った信号を送る」というような誤作動を防ぐことができます。

一方，実際の火災時には温度の上昇が急激なため，空気の膨張分をリーク孔から逃がしきれずにダイヤフラムを押し上げ，接点を閉じて火災信号を発報する，という仕組みになっています。

解答

設問 1	リーク孔
設問 2	① 暖房の熱など，火災ではない緩やかな温度上昇があった場合 ② 火災ではない緩やかな温度上昇による空気の膨張分を逃がし，誤作動を防止する。

【問題5】 下の図は，差動式分布型感知器（空気管式）の空気管の設置状況を示したものである。図中のA〜Cの数値について答えなさい。ただし，耐火構造の建築物に設置するものとする。

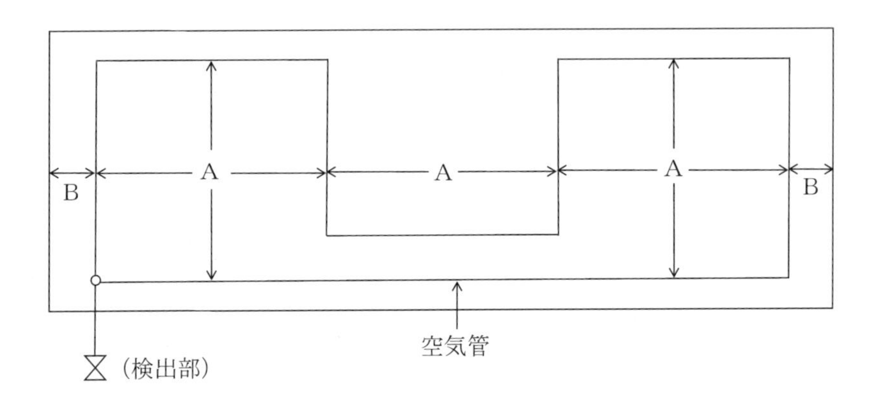

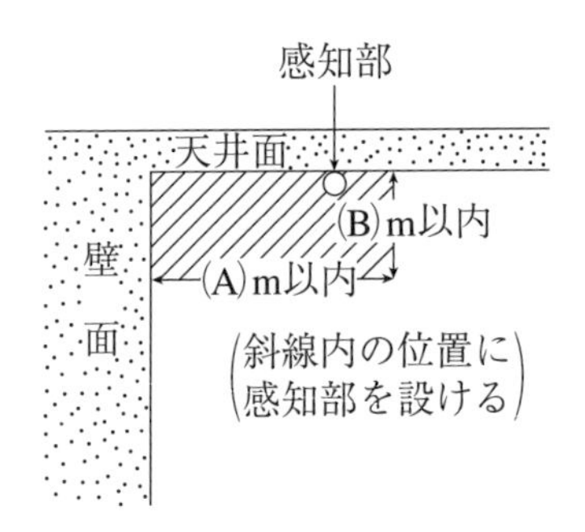

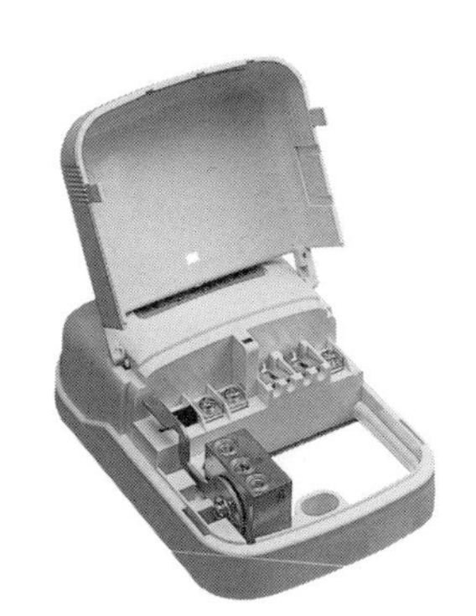

解答欄

A	B	C
（m 以下）	（m 以下）	（m 以下）

問題5の解説・解答

<解説>

A：相対する空気管の相互間隔は**6m以下**（耐火は**9m以下**）とする必要があるので，耐火構造の場合は，**9m以下**となります。

B：壁からは，1.5m以内に設置する必要があります。

C：天井面などの取り付け面からは，他の感知器同様，**0.3m以下**（注：煙感知器は**0.6m以下**）に設ける必要があります。

解答

A	B	C
9　（m以下）	1.5　（m以下）	0.3　（m以下）

【問題6】 イマヒトツ…

次の図は，差動式分布型感知器（熱電対式）の熱電対と接続電線部の設置状況を模式的に示したものである。次の各設問に答えなさい。

ただし，この感知器は，主要構造部を耐火構造とした防火対象物内の居室に設置されているものとする。

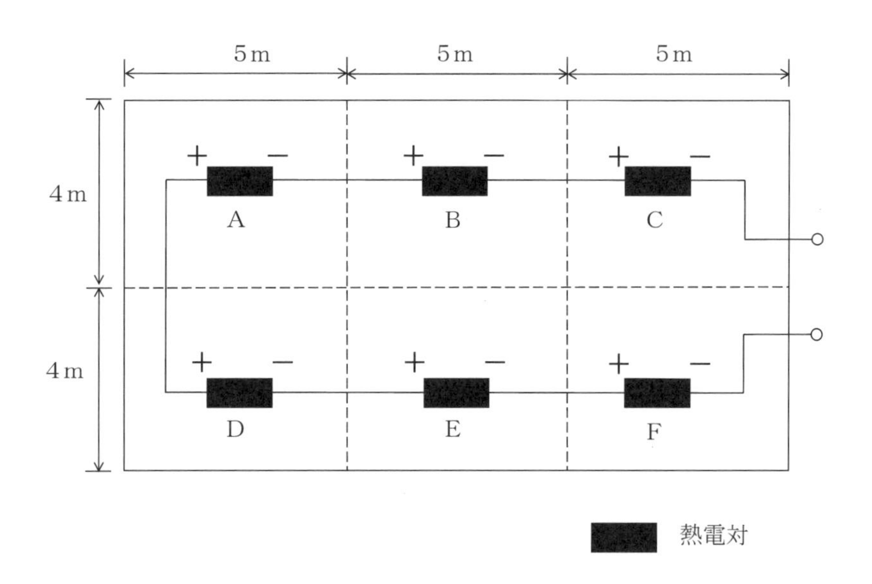

設問1　この感知器はどのような原理で作動するか具体的に答えなさい。

設問2　この模式図の中には一部誤りがある。誤っている箇所を答えなさい。

解答欄

設問1	
設問2	

問題6の解説・解答

<解説>

設問1　熱電対式の差動式分布型感知器は，熱電対の**ゼーベック効果**を利用したもので，問題の図のような熱電対を一定面積ごとに天井面に分布させ，火災によって急激に温度が上昇すると熱電対に発生した熱起電力（直流）によってメーターリレー，またはSCR（電子制御素子）が作動し，火災信号を発報（受信機に送信）する，という作動原理になっています。

設問2　熱電対どうしを接続する際は，＋と－のように接続する必要があります。従って，AとDの接続部分のように，＋と＋が接続されていると，熱起電力による電流が流れないので，不適切です。

解答

設問1	**温度上昇によって熱電対に発生した熱起電力を感知し，火災信号を発信する。**
設問2	**熱電対のAとDの接続部分の極性が同じ**

【問題7】 次の図は，「ある感知器」の作動原理を図解したものである。
次の各設問に答えなさい。

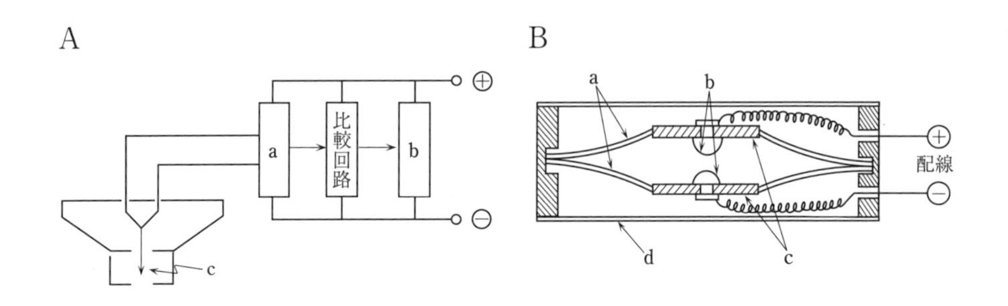

設問1　A及びBで示す感知器の名称を，下記の語群から選び記号で答えなさい。

＜語群＞

ア．光電式スポット型感知器
イ．イオン化式スポット型感知器
ウ．差動式スポット型感知器
エ．定温式スポット型感知器
オ．定温式感知線型感知器
カ．熱複合式スポット型感知器

設問2　A及びBで示す感知器の作動原理を答えなさい。

設問3　A及びBにおいて，a～cまたはa～dで示す部分の名称を答えなさい。

解答欄

<table>
<tr><td rowspan="2">設問 1</td><td colspan="2">A</td><td></td></tr>
<tr><td colspan="2">B</td><td></td></tr>
<tr><td rowspan="2">設問 2</td><td colspan="2">A</td><td></td></tr>
<tr><td colspan="2">B</td><td></td></tr>
<tr><td rowspan="7">設問 3</td><td rowspan="3">A</td><td>a</td><td></td></tr>
<tr><td>b</td><td></td></tr>
<tr><td>c</td><td></td></tr>
<tr><td rowspan="4">B</td><td>a</td><td></td></tr>
<tr><td>b</td><td></td></tr>
<tr><td>c</td><td></td></tr>
<tr><td>d</td><td></td></tr>
</table>

問題 7 の解説・解答

＜解説＞

A は，サーミスタなどの温度検知素子を用いた**差動式スポット型感知器**で，温度が変化すると，その抵抗値が変化する性質のある半導体（＝サーミスタなどの温度検知素子）を利用して温度上昇を検出し，温度上昇の割合が一定以上になると温度上昇率検出回路がそれを検出してスイッチング回路を働かせ，火災信号を受信機へ送る，という仕組みになっています。

なお，暖房などの緩やかな温度上昇に対しては検知回路が働かないようになっています。

B は，金属の膨張率の差を利用した**定温式スポット型感知器**であり，外筒に膨張率の**大きい**金属（高膨張金属），内部金属板には膨張率の**小さい**金属（低膨張金属）を用いたもので，火災によって温度が上昇すると外筒の方が大きく膨張し，その結果，接点同士が接近して閉じ，火災信号を発信するという仕組みになっています。

解答

<table>
<tr><td rowspan="2">設問 1</td><td>A</td><td colspan="2">ウ</td></tr>
<tr><td>B</td><td colspan="2">エ</td></tr>
<tr><td rowspan="2">設問 2</td><td>A</td><td colspan="2">温度検知素子を利用して周囲温度の上昇を感知する。</td></tr>
<tr><td>B</td><td colspan="2">金属の膨張係数の差を利用して温度上昇を感知し，接点を閉じる。</td></tr>
<tr><td rowspan="7">設問 3</td><td rowspan="3">A</td><td>a</td><td>温度上昇率検出回路</td></tr>
<tr><td>b</td><td>スイッチング回路</td></tr>
<tr><td>c</td><td>温度検知素子</td></tr>
<tr><td rowspan="4">B</td><td>a</td><td>低膨張金属</td></tr>
<tr><td>b</td><td>接点</td></tr>
<tr><td>c</td><td>絶縁物</td></tr>
<tr><td>d</td><td>高膨張金属</td></tr>
</table>

【問題 8】 下の図は，自動火災報知設備の感知器の模式図を示したものである。
次の各設問に答えなさい。

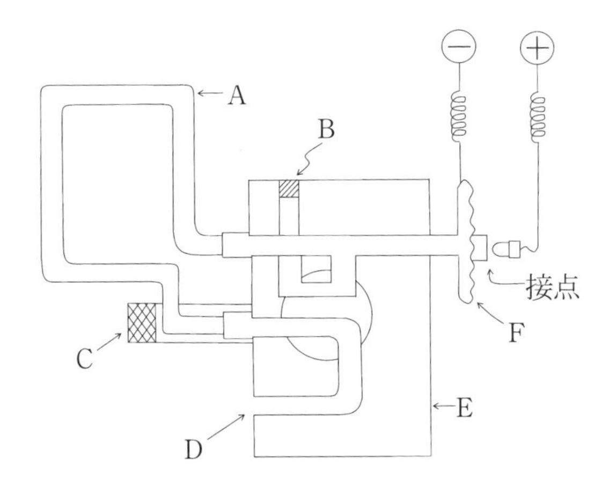

設問 1 この感知器の名称を答えなさい。

設問 2 図の A～F で示す部分の名称を答えなさい。

解答欄

設問 1	
設問 2	A： B： C： D： E： F：

問題8の解説・解答

解答

設問1	**差動式分布型感知器（空気管式）**※
設問2	A：**空気管** B：**リーク孔** C：**コックハンドル** D：**試験孔** E：**コックスタンド** F：**ダイヤフラム**

※（空気管式）まで解答する必要があります。

この空気管式は，原理的には下の差動式スポット型と同じです（⇒空気の膨張によってダイヤフラムの接点を閉じる）。

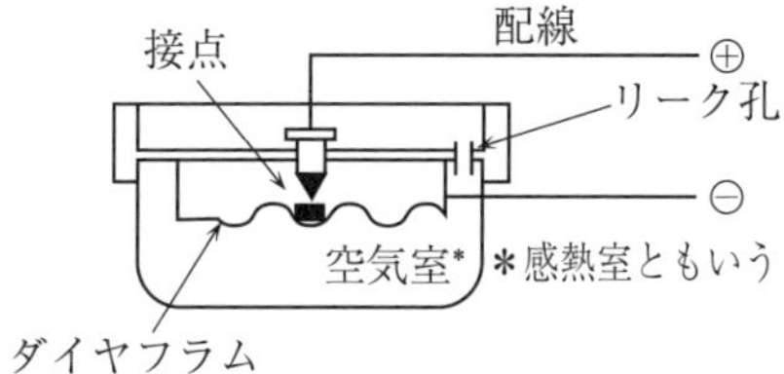

【問題９】

下図は，差動式分布型感知器の試験を実施しているところを表したものである。次の各設問に答えなさい。

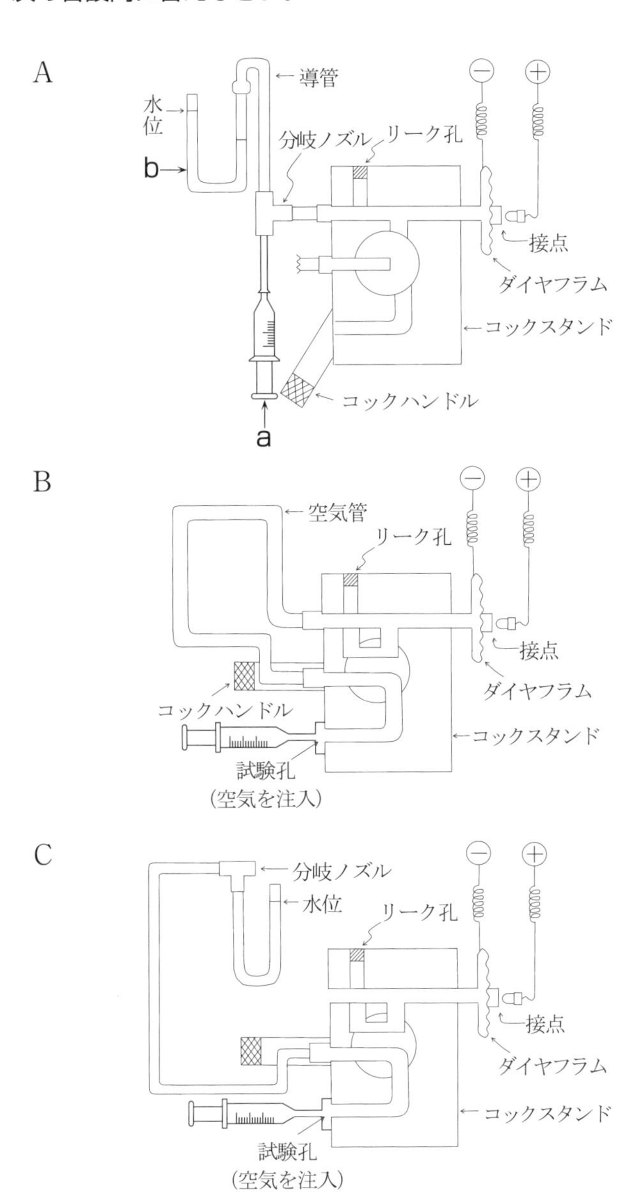

設問1　各試験の名称として適切なものを下記の語群から選び記号で答えなさい。

＜語群＞

ア．接点水高試験　　ウ．作動試験　　オ．火災表示試験
イ．回路合成抵抗試験　　エ．流通試験

設問2　A で使用されている a，b の名称及び a の容量（cc）を答えなさい。

設問3　C の試験では「何の」良否を確認できるかを答えなさい（⇒C の試験の目的）。

設問4　下の器具を用いて行う機能試験の名称を 2 つ答えなさい。

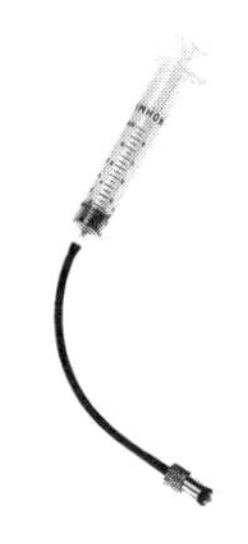

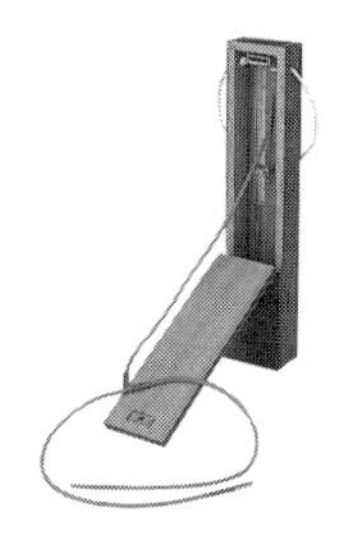

解答欄

設問1	A	
	B	
	C	
設問2	名称	a：　　　　b：
	a の容量	cc
設問3	①： ②：	
設問4	①　　　　②	

問題 9 の解説・解答

<解説>

設問 1

A：**接点水高試験**は，ダイヤフラムの接点間隔が適切であるかどうかを試験するもので，ダイヤフラムにテストポンプで空気を注入し，接点が閉じる時のマノメーターの水高（＝接点水高値）から接点間隔の良否を判定します。つまり，接点間隔をマノメーターの水高としてあらわし，それが検出部に明示されている範囲内であるかどうかを判定する試験です。

① 接点水高値が高い場合

「水高値が高い」ということは，それだけ圧力をかけなければ接点が閉じないということで，結局それだけ接点間隔が広いということになります。接点間隔が広いということは，感度が鈍いということでもあり，**遅報**の原因になる可能性があります。

なお，コックハンドルの位置は，正常な位置より約 180 度移動させて，図のように**一番下**にセットします。また，B の差動試験と C の流通試験の場合は，図のように**中央**にコックハンドをセットします。

② 接点水高値が低い場合

①とは逆に，少しの圧力で接点が閉じるということで，それだけ接点間隔が狭く感度が鋭敏ということになり，**非火災報**の原因となります。

B：分布型の**作動試験**の場合，感知器は広範囲に布設してあるのでそれら全体に加熱して試験をするというわけにはいかず，そこで感知器を火災時と同じ状態にして試験をすることになります。

つまり，空気管の中に空気を送り込んで膨張させ，接点が閉じるかどうかなどの機能を試験するわけで，火災時に空気管内で膨張する空気量と同じ量の空気量，すなわち**作動空気圧に相当する空気量**をテストポンプで注入し，注入した時から作動するまでの時間を測定します。

その試験方法は次の順序で行います。

① 作動空気圧に相当する空気量をテストポンプに注入します(検出部に表がある)。

② テストポンプを試験孔に接続します。

③ コックスタンドのハンドル（試験コック）を中央の作動試験の位置にする（コックスタンド内の配管が切り替わり，注入した空気が空気管の方に導かれてからダイヤフラムへと入ります)。

④ テストポンプの空気を注入すると同時に時間を計測し，ダイヤフラムの接点が閉じるまでの時間を測ります。

⑤ その作動時間が，所定の時間内（検出部に明示されている時間内）であるかどうかを確認します。

C：**流通試験**は，空気管に空気を注入し，**空気管の漏れや詰まりなどの有無の確認**，および空気管の長さを確認する試験で，次の要領で行ないます。

① 空気管の一端をはずし，分岐ノズルを介して（※）マノメーターを接続し，コックスタンドの試験孔にテストポンプを接続します。

> （※）マノメーター
> U字型のガラス管で，圧力を受けることによって水位が変動します。水は目盛り盤の0点の位置に合わせて入れておきます。

② テストポンプで空気を注入し，マノメーターの水位を約100㎜（半値）上昇させ，水位を停止させます。

★水位が上昇しない場合
⇒空気管が詰まっているか切断されている可能性があります。

★水位は上昇するが停止せず，徐々に下降する場合
⇒空気管に漏れがあるということなので，接続部分の緩みや空気管のピンホールなどをチェックします。

③ 水位停止後，コックハンドルを操作して送気口を開き空気を抜きます。その際，マノメーターの水位が2分の1まで下がる時間（流通時間）を測定して，それが空気管の長さに対応する流通時間の範囲内であるかを，空気管流通曲線により確認します。

設問3 上記Cの解説参照 **設問4** テストポンプとマノメーターです。

解答

設問1	A	**ア**
	B	**ウ**
	C	**エ**
設問2	名称	a：**テストポンプ** b：**マノメーター**
	aの容量	**5** cc
設問3	①：**空気管の漏れの確認** ②：**空気管の詰まりの確認**	
設問4	①**流通試験** ②**接点水高試験**	

【問題10】 次の図は，ある感知器の構造の概略を示したものである。次の各設問に答えなさい。

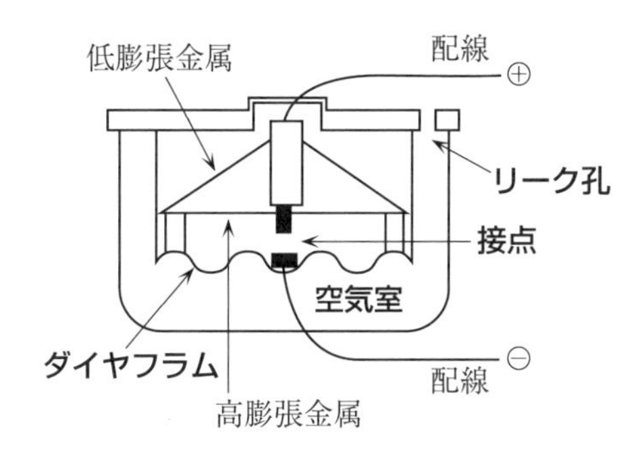

設問 1 この感知器の名称を答えなさい。

設問 2 この感知器は，2 種類の感知器の性能を併せもつものであるが，その感知器の名称を 2 つ答えなさい。

解答欄

設問 1	
設問 2	・ ・

問題10の解説・解答

＜解説＞

補償式スポット型感知器は，問題の図のように，ダイヤフラムの**差動式スポット型**と，金属の膨張タイプの**定温式スポット型**を合わせた構造となっています（定温式がバイメタル式の場合もあります）。

① 周囲温度が急に上昇した場合

差動式スポット型の機能が働き，空気室の空気が膨張してダイヤフラムを押し上げ，接点を閉じて発報します。

② 周囲の温度が緩慢に上昇した場合

空気の膨張が遅いので，ダイヤフラムを押し上げる前にリーク孔から逃げるので差動式の機能は働きません。

しかし，その上昇が長く続くと，定温式の高膨張金属が膨張して左右に伸び，上の接点が下に押し下げられて接点を閉じ発報をします。つまり，**定温式スポット型**の機能が働くわけです。

解答

設問1	**補償式スポット型感知器**
設問2	**・差動式スポット型感知器** **・定温式スポット型感知器**

類題 図に示す感知器について，①名称，②作動原理及び③矢印で示す各部の名称を答えなさい。

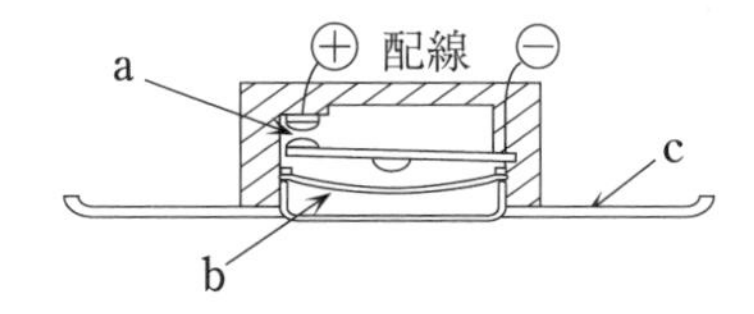

解答

①感知器の名称	**定温式スポット型感知器**
②作動原理	**円形バイメタルが熱を感知すると反転して接点を閉じる。**
③矢印で示す各部の名称	a **接点**　b **円形バイメタル**　c **受熱板**

【問題11】

次の写真に示す感知器について，次の各設問に答えなさい。

設問 1　この感知器の名称を答えなさい。

設問 2　受信機の火災灯および地区表示灯が点灯し，該当する警戒区域を確認したが，非火災報であったことが判明した。その原因として，次のア～エのうち不適当なものはどれか。

ア．狭い部屋でタバコを吸った。
イ．この感知器に余った終端抵抗を取り付けた。
ウ．網の中に虫が侵入した。
エ．結露により感知器内が短絡した。
オ．感知器回路（100 V）の絶縁抵抗値が 0.2 MΩ しかなかった。
カ．台風の接近により気圧が大きく下がった。

解答欄

設問 1	
設問 2	

問題11の解説・解答

＜解説＞

設問２ 非火災報（誤報）の原因としては，次のようなものがあります。

(a) 感知器が原因の非火災報	① 感知器種別の選定の誤り。 ② 感知器内の短絡（結露や接点不良など）など。 ③ 熱感知器 ・差動式感知器を急激な温度上昇のある部屋に設置した。 ・差動式感知器のリーク抵抗が大きい。 ④ 煙感知器 ・砂ぼこり，粉塵，水蒸気（⇒以上，光をさえぎるもの）の発生 ・狭い部屋でタバコを吸った。 ・網の中に虫が侵入した。 などにより接点が閉じた。
(b) 感知器以外の非火災報	① 発信機が押された。 ② 感知器回路の短絡（配線の腐食や終端器の汚れ等による短絡など）。 ③ 感知器回路の絶縁不良（大雨やネズミに齧（かじ）られた，など）。 ④ 受信機の故障（音響装置のトラブルなど）。 （②と③の対処方法については，回路の導通試験や絶縁抵抗試験などを行う）。
(c) 非火災報の原因にならないもの	① 終端器を接続した（終端器は高抵抗なので，感知器などに接続しても，当然，受信機が発報と判断するまでの大きな電流は流れない）。 ② 終端器の断線（⇒導通試験電流が流れないので断線検出不可にはなる）。 ③ 差動式感知器の「リーク抵抗が小さい」（⇒不作動の原因にはなる）。 ④ 差動式分布型感知器の「空気管のひびわれや切断など」（⇒不作動の原因にはなる）。

ア，ウは(a)の④，エは(a)の②より，非火災報の原因として適切です。

しかし，イについては，この感知器に終端抵抗を取り付けても，導通試験の電流がその感知器までしか流れないので，この感知器以降の断線を検出することはできませんが，感知器が短絡されたわけではないので，非火災報は発信されません。

また，オについては，感知器回路（100 V）の絶縁抵抗値は **0.1 MΩ 以上**あればよいので(P. 26 の設問 2 の解説を参照)，0. 2 MΩ あれば絶縁不良とはならず，非火災報の原因としては，不適切です。
（カについても，煙感知器の非火災報とは，関係ありません。）

解答

設問 1	**光電式スポット型感知器**
設問 2	**イ，オ，カ**

【問題12】

下の写真並びに図は「ある感知器」を示したものである。次の各設問に答えなさい。

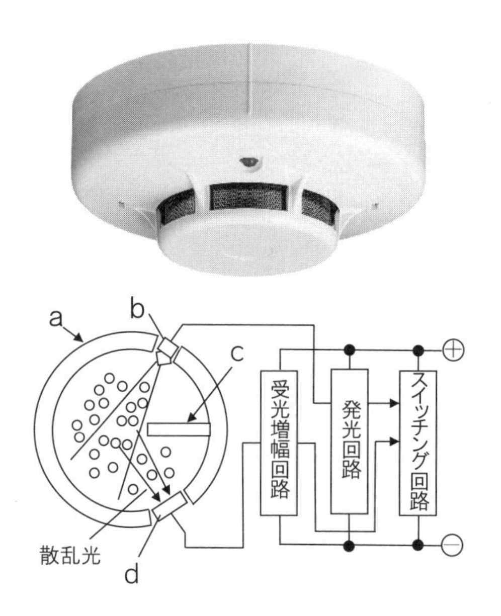

設問1 この感知器の名称を答えなさい。

設問2 この感知器の作動原理を簡単に答えなさい。

設問3 a～d の名称を答えなさい。

解答欄

設問1	
設問2	

設問 3	a： b： c： d：

問題12の解説・解答

<解説>

設問 2　この感知器は，**散乱光方式**の光電式スポット型感知器で，光源(b)からの光を受ける受光素子(d)を設け，ランプの光束を直接受光素子には照射せず，ある一定の方向に照射しておきます。

この状態で煙が流入すると，その煙の粒子によってランプの光が散乱し，それを受光素子が受けて（それによる電流の変化を）スイッチング回路が検出し，受信機に火災信号を発信する，というしくみになっています。

解答

設問 1	**光電式スポット型感知器**
設問 2	**光電素子の受光量の変化により煙の発生を感知して作動する。**
設問 3	a：**暗箱** b：**光源（発光素子）** c：**遮光板** d：**受光素子（光電素子）**

【問題13】 次の図は，ある感知器の作動原理を示したものである。この感知器について次の各設問に答えなさい。

設問 1　この感知器の名称を答えなさい。

設問 2　次の説明文中の空欄に当てはまる語句を語群から選び，記号で答えなさい。

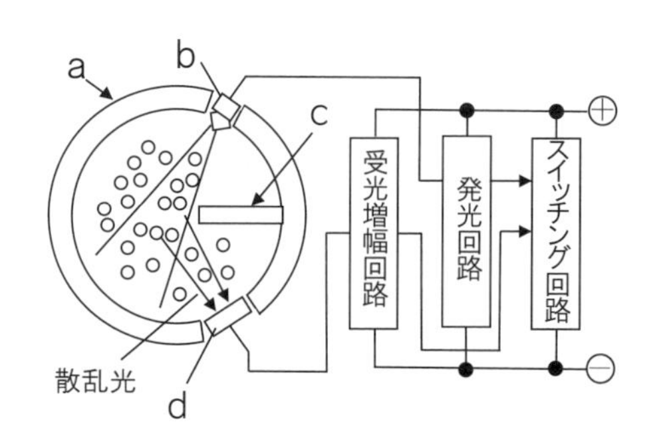

<説明文>

発光素子は光束を一方向に照射し，暗箱内の空気が清浄であれば受光素子は光を（A）。しかし，煙が流入すると，発光素子からの光が煙粒子により（B）するので，受光素子でその（B）した光の一部を感知して起電力が（C）し，感知器が作動する。このような方式を（D）という。

<語群>

ア．常に受けている	オ．増加	ケ．散乱光式
イ．断続的に受けている	カ．減光式	コ．差動式
ウ．受けない	キ．イオン化式	
エ．減少	ク．散乱反射	

設問 3　この感知器の作動原理を簡潔に答えなさい。

設問 4　a～d の名称を答えなさい。

解答欄

設問1							
設問2	A		B		C		D	
設問3								
設問4	a		b		c		d	

問題13の解説・解答

<解説>

設問2 図の感知器は，煙感知器のうち，**散乱光式**の**光電式スポット型感知器**で，光をシャットアウトした暗箱内に光源となる発光素子(発光ダイオードなど)，およびその光を受ける受光素子を設け，ランプの光束を図に示すように直接受光素子には照射せず，ある一定の方向に照射しておきます。従って，受光素子は光を受けません。

この暗箱内に煙が流入すると，その煙によって発光素子の光が散乱反射するので，それを受光素子が感知して起電力が発生し，それが増加して一定値を超えるとスイッチング回路が検出し，受信機に火災信号を発報する，というしくみになっています。

よって，正解は，次のようになります。

「発光素子は光束を一方向に照射し，暗箱内の空気が清浄であれば受光素子は光を**(受けない)**。しかし，煙が流入すると，発光素子からの光が煙粒子により**(散乱反射)**するので，受光素子でその**(散乱反射)**した光の一部を感知して起電力が**(増加)**し，感知器が作動する。このような方式を**(散乱光式)**という。」

解答

設問1	光電式スポット型感知器							
設問2	A	ウ	B	ク	C	オ	D	ケ
設問3	受光素子の受光量の変化により煙の発生を感知する。							
設問4	a	暗箱	b	発光素子	c	遮光板	d	受光素子

【問題14】 下の写真で示す感知器について，次の各設問に答えなさい。

設問1　この感知器の名称を答えなさい。

設問2　この感知器を設置した場合，非火災報（誤報）を発する原因として考えられないものを，下記の語群から2つ選び記号で答えなさい。

〈語群〉

ア．小さな虫が，感知器の網目の中に入った。
イ．大型台風の接近により，大気圧が大きく下がった。
ウ．狭い部屋でタバコを吸った。
エ．誤って感知器の端子に不要な終端抵抗を接続している。

解答欄

設問1	
設問2	

問題14の解説・解答

<解説>

設問 2　P. 66，問題 11 の解説の表にある（a）の④より，煙感知器による非火災報の原因には，次のようなものがあります。

1．砂ぼこり，粉塵，水蒸気（⇒以上，光をさえぎるもの）の発生。
2．狭い部屋でタバコを吸った。
3．網の中に虫が侵入した。

2はウ，3はアなので，それ以外のイとエが煙感知器の非火災報（誤報）を発する原因として考えられないもの，ということになります。

解答

設問 1	**光電式スポット型感知器**
設問 2	**イ，エ**

イは空気室のある差動式スポット型の場合に非火災報の原因となる場合があります。
また，エの終端抵抗は高抵抗であり，感知器に接続しても導通試験の際に微弱な電流は流れますが，発報されるような大きな電流は流れず，非火災報とはなりません。

【問題15】 下の写真は「ある感知器」を示したものである。次の各設問に答えなさい。

設問 1 矢印で示した網，円孔板等を設けなければならない感知器の名称を2つ答えなさい。

設問 2 この感知器に，網，円孔板等を設ける理由を答えなさい。

解答欄

設問 1	
設問 2	

問題15の解説・解答

<解説>

設問1 規格省令第8条には,「**イオン化式スポット型感知器**の性能を有する感知器,**光電式スポット型感知器**の性能を有する感知器,**イオン化アナログ式スポット型感知器**又は**光電アナログ式スポット型感知器**は,目開き**1mm以下**の**網,円孔板**等により虫の侵入防止のための措置を講ずること。」と定められているので,上記の煙感知器のうち,2つを記入すればよいことになります。

設問2 虫の侵入により,非火災報を発信するのを防止するためです。

解答

設問1	・**光電式スポット型感知器** ・**イオン化式スポット型感知器**
設問2	**虫の侵入防止**

【問題16】

次の写真はある感知器を示したものである。次の各設問に答えなさい。

☢のマークあり

設問1　この感知器の名称を答えなさい。

設問2　矢印で示す部分は，規格で定められた「ある機能」を有するが，この部分の名称を答えなさい。

設問3　矢印で示す部分は，どのような時にどのように作動するか答えなさい。

解答欄

設問1	
設問2	
設問3	

問題16の解説・解答

＜解説＞

設問3　感知器が作動したときに図の作動表示灯（赤色）が点灯します。

解答

設問1	**イオン化式スポット型感知器**
設問2	**作動表示灯**
設問3	**感知器が作動したときに点灯する。**

【問題17】 

下の図の防火対象物について，次の条件に基づき各設問に答えなさい。

＜条件＞

1．主要構造部は耐火構造で，各階の高さは4mである。

2．エレベーター昇降路の上部には床面に開口部がある機械室がある。

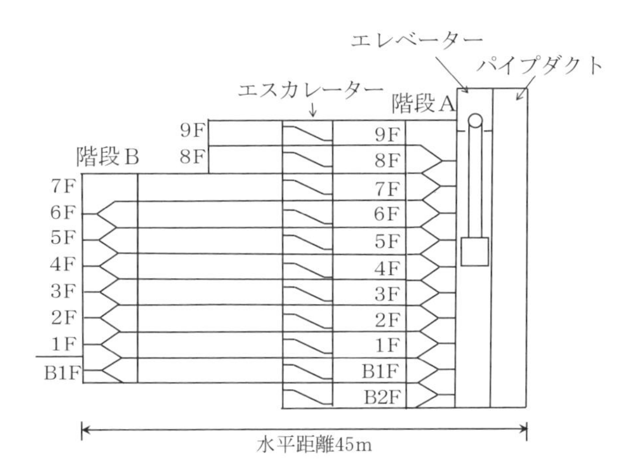

設問1　図のエレベーター昇降路やパイプダクト部分に設ける感知器として，適切なものを次の写真の中から選び，記号で答えなさい。

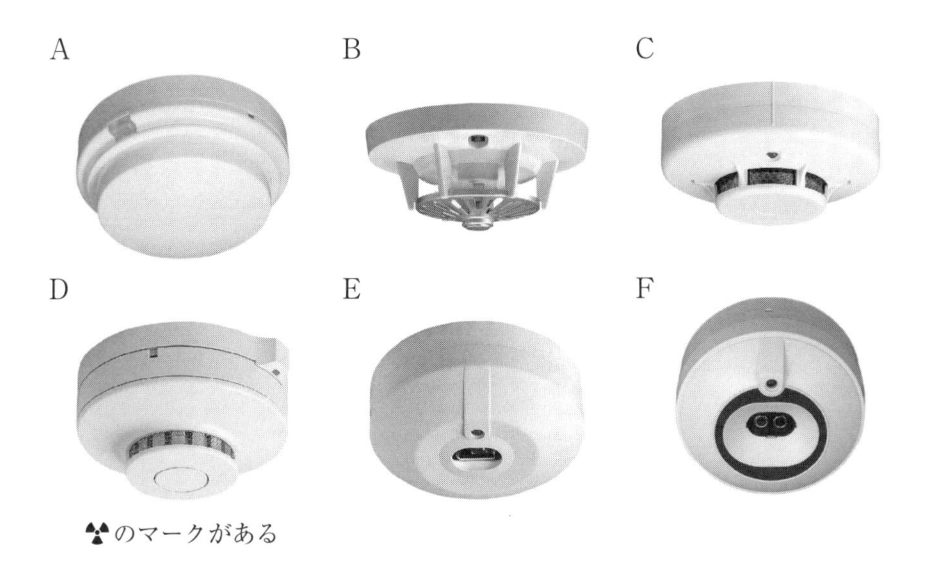

解答欄

設問 2　図の階段，エスカレータ，パイプダクト，エレベーター，昇降路に煙感知器を設置しなさい。なお，感知器の感度は 2 種のものとする。

設問 3　設問 1 の感知器の中で，特定 1 階段等防火対象物の階段に設けることができる感知器はどれか。また，その場合，垂直距離何 m につき 1 個以上設ける必要があるかを答えなさい。ただし，種別が 3 種のものは除くものとする。

解答欄

・感 知 器：

・垂直距離：

設問 4　設問 1 の感知器の中で，変電室の上部に高圧線が配置され，感知器の点検が容易に行えない場合に，ある特殊な試験器を用いれば点検が行える感知器はどれか。

問題17の解説・解答

<解説>

設問 1

A は差動式スポット型感知器, B は定温式スポット型感知器, C は**光電式スポット型感知器**, D は**イオン化式スポット型感知器**, E は紫外線式の炎感知器, F は赤外線式の炎感知器になります。

エレベーター昇降路やパイプダクトなどの「たて穴区画」の最頂部には**煙感知器**を設置する必要があります。

従って，C と D が正解になります。

設問 1 の解答

C，D

設問 2　煙感知器を階段（エスカレーター含）や傾斜路（スロープ）に設置する場合は，垂直距離 **15 m**（3 種は 10 m）につき 1 個以上設置する必要があります。

従って，図では各階が 4 m なので 3 階につき 1 個の割合で設置すれば基準をクリアできるため，階段 A については，B1 と 3 F，6 F および**最頂部**の 9 F に設置します。また，階段 B については，地下 1 階までしかないので，地階は地上階と同じ警戒区域となり，なるべく均等になるように，2 F，5 F，7 F に設置しておきます。なお，パイプダクトやエレベーター昇降路の場合も，その**最頂部**に設けます。

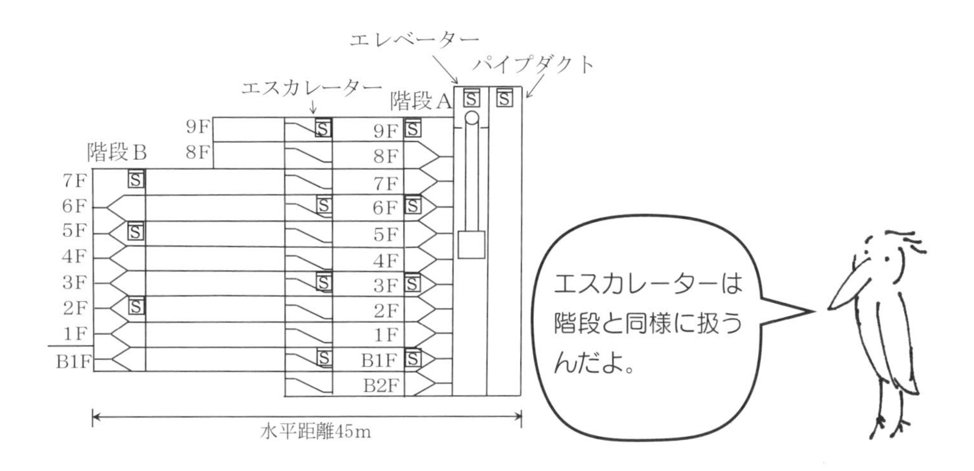

設問 3　階段なので，C，D の**煙感知器**になります（3 種は除く⇒設置できない）。

また，特定 1 階段等防火対象物の場合は垂直距離 7.5 m につき 1 個以上設ける必要があります。

設問 3 の解答

・感知器　：**C，D**

・垂直距離：**7.5 m**

設問 4　差動スポット試験器（⇒P. 150 の B）を用いて A の差動式スポット型感知器の作動試験を行います。

設問 4 の解答

A

【問題18】 下の図は，光電式分離型感知器の設置状況を表した立面図である。適切なものには○，適切でないものには×を記しなさい。

(1) 煙式1種を設置した場合

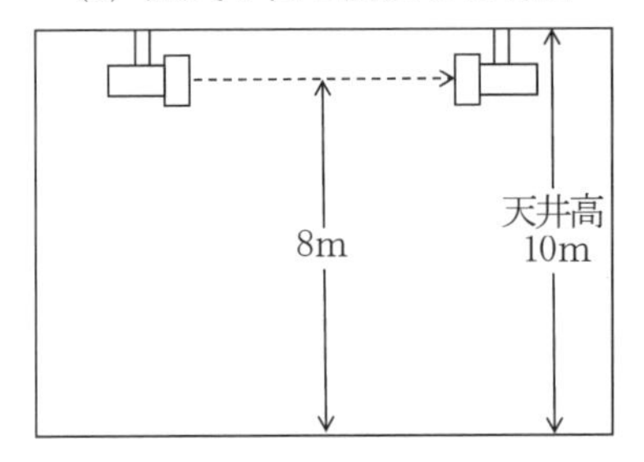

(2) 煙式2種を設置した場合

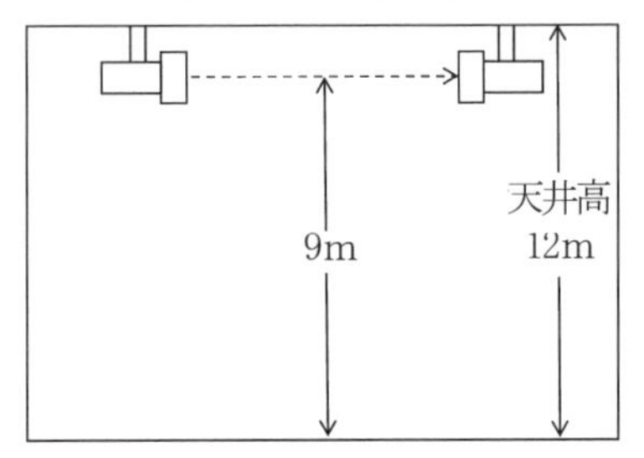

(3) 煙式2種を設置した場合

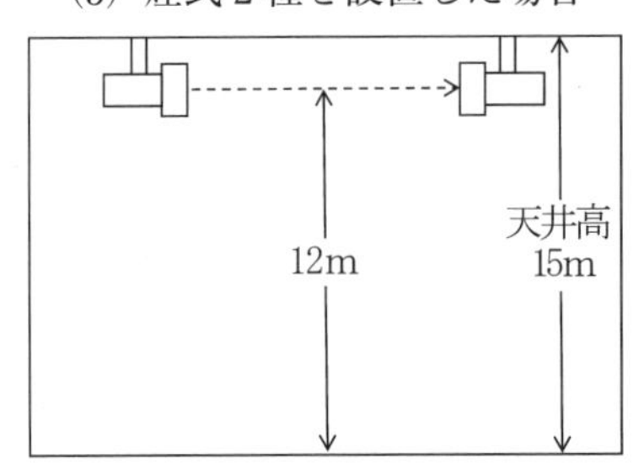

(4) 煙式1種を設置した場合

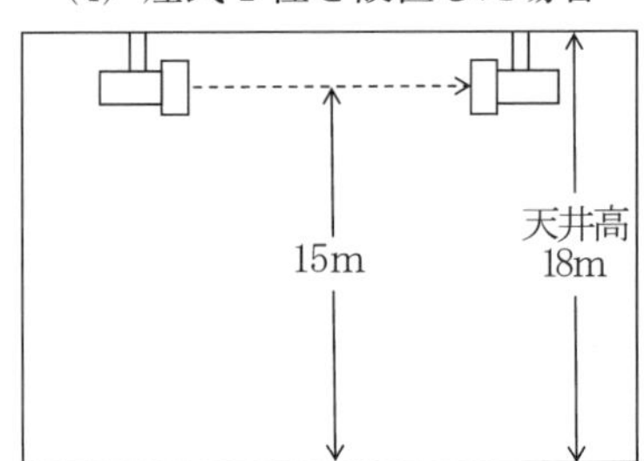

解答欄

(1)	(2)	(3)	(4)

問題18の解説・解答

＜解説＞

(1) まず，光軸の高さは天井高の **80% 以上**に設置する必要があるので，10×0.8=8(m)より，その点に関しては○。また，1種は次頁の図より，20 m 未満まで設置できるので，10 m では○となります。

(2)同様に，天井高の 12 m×0.8=9.6 m の高さが必要なので，光軸の高さ 9 m では×。また，2種は 15 m 未満まで設置できるので，12 m では○となりますが，全体としては×になります。

(3) 天井高 15 m より，15 m×0.8=12 m 以上必要なので，光軸の高さは○。また，2種は 15 m 未満まで設置できるので，15 m では×となります（15 m は「15 m 未満」には入らない)。

(4) 天井高 18 m より，18 m×0.8=14.4 m 以上必要なので，光軸の高さについては○。また，1種は 20 m 未満まで設置できるので，18 m では○となります。

解答

(1)	(2)	(3)	(4)
○	×	×	○

感知器の取り付け面の高さについては，次頁のようなゴロ合わせもあるので参考にして下さい。

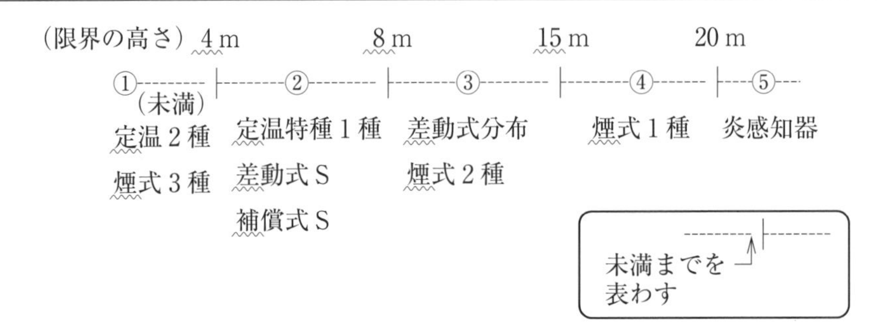
（限界の高さ）4 m
8 m
15 m
20 m
①
（未満）
②
③
④
⑤
定温２種
煙式３種
定温特種１種
差動式Ｓ
補償式Ｓ
差動式分布
煙式２種
煙式１種
炎感知器
未満までを
表わす

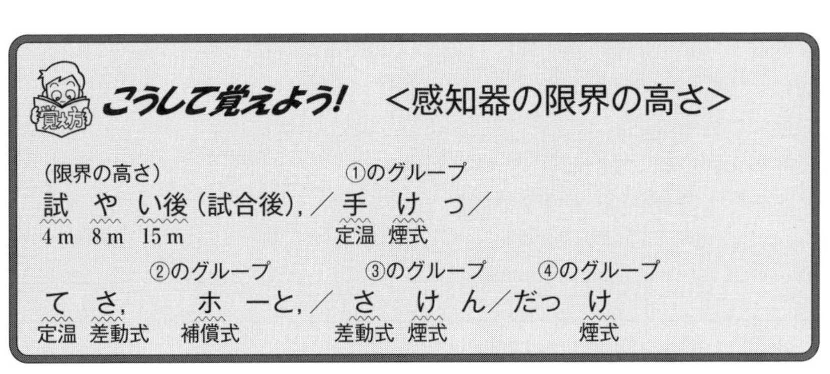
こうして覚えよう!
<感知器の限界の高さ>
（限界の高さ）
①のグループ
試　や　い後（試合後），／手　けっ／
4 m　8 m　15 m
定温　煙式
②のグループ
③のグループ
④のグループ
て　さ，　ホ　ーと，／さ　け　ん／だっ　け
定温　差動式　補償式
差動式　煙式
煙式

【問題19】 次の図は，光電式分離型感知器を設置した際の平面図である。

次の各設問に答えなさい。ただし，公称監視距離は 5 m 以上 50 m 以下とする。

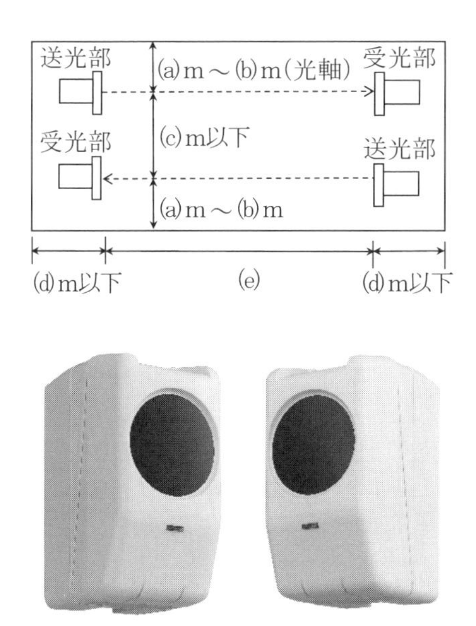

光電式分離型感知器（実物）

設問 1 a～d に当てはまる技術上の基準における数値を解答欄に記入しなさい。

設問 2 送光部と受光部間の距離 e の値は何 m 以下としなければならないか。

解答欄

	a	b	c	d
設問 1	m	m	m	m
設問 2	m 以下			

問題19の解説・解答

<解説>

光電式分離型感知器の設置基準は，次のようになります。

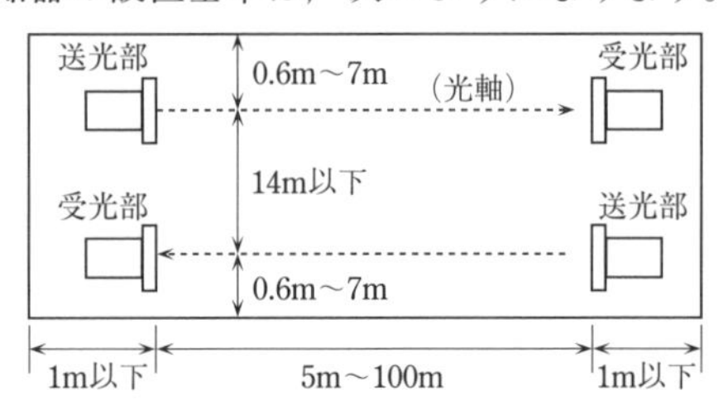

(a)　**光電式分離型（上から見た図）**

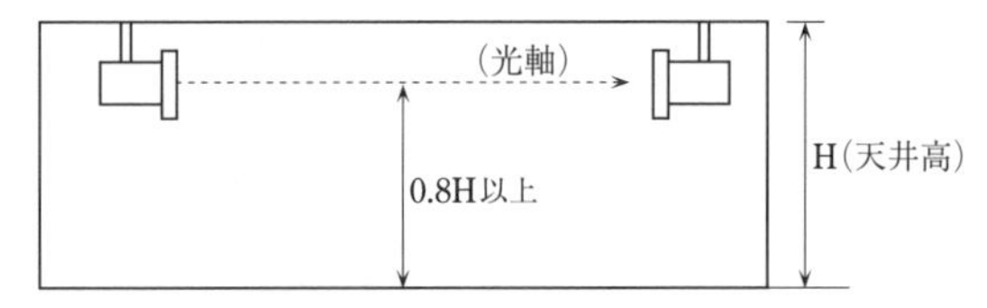

(b)　**光電式分離型（横から見た図）**

①　感知器の光軸

（ア）平行する壁からの距離

0.6 m 以上 7 m 以下となるように設けること。

（イ）光軸間の距離

14 m 以下となるように設けること。

（ウ）光軸の高さ

天井などの高さの**80% 以上**の高さに設けること。

②　感知器の送光部および受光部は，その背部の壁から**1 m 以内**の位置に設けること。

③　感知器の光軸の長さ

感知器の公称監視距離の範囲内となるように設けること。

従って，a，b，c は①より，d は②より数値が求められます。

また，e は，③より，公称監視距離の最大値**50 m 以下**とする必要があります。

解答

	a	b	c	d
設問 1	**0.6** m	**7** m	**14** m	**1** m
設問 2	**50** m 以下			

①，②については次のようなゴロ合わせもあるので，気に入ったら使ってネ。

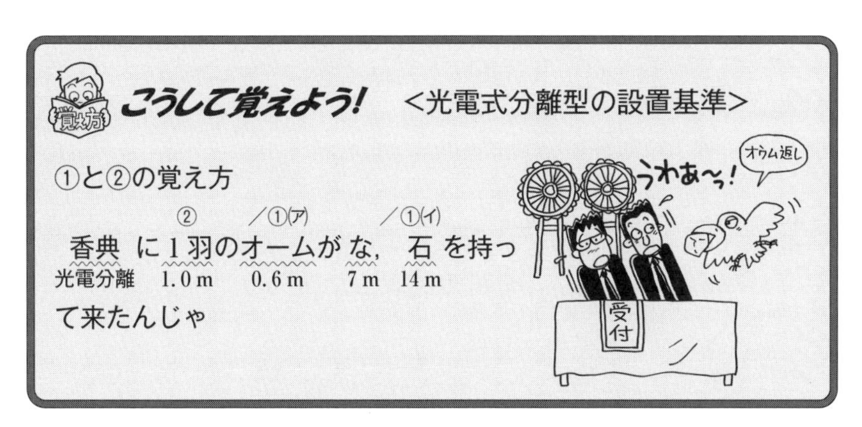

【問題20】 次の図のA～Dは，室内に煙感知器を設置した一例を示したものである。

正しく設置されているものには○，誤っているものには×を解答欄に記入しなさい。

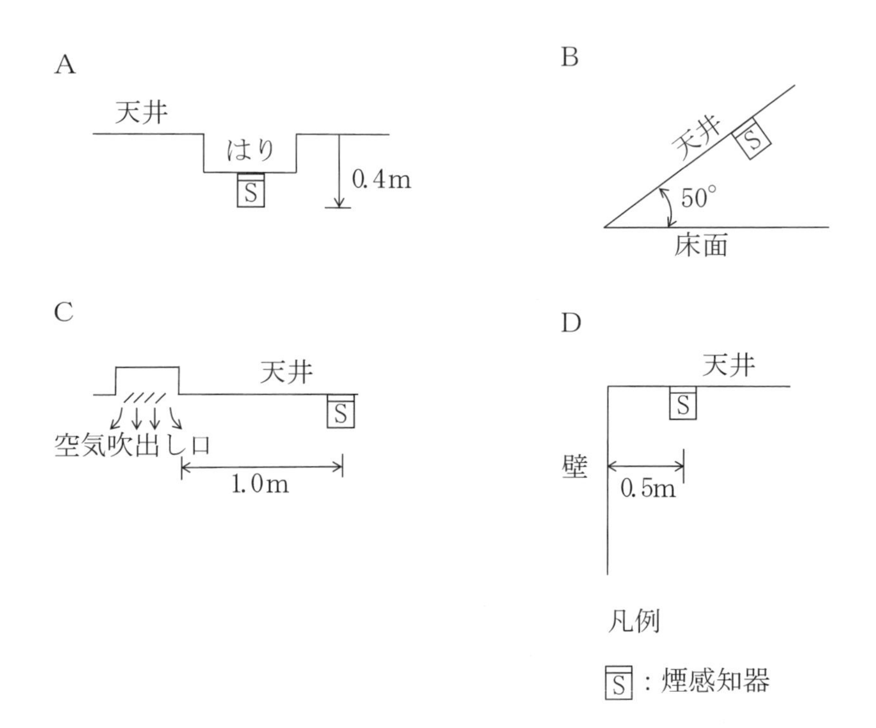

解答欄

A	B	C	D

問題20の解説・解答

<解説>

感知器の設置基準は，次のとおりです。

① 感知器は取付け面の下方**0.3 m**（**煙感知器**は**0.6 m**）**以内**に設けること。

ここに注意！…感知区域の「はり」の数値と混同しないように！…

感知区域の「はり」の場合，原則は0.4 m以上で，0.6 mになっていたのは**煙感知器**だけではなく熱感知器の**差動式分布型**も0.6 mになっています。この「0.3と0.6」,「0.4と0.6」の組み合わせは何かと間違いやすい部分なので，よく注意して覚えるようにしておいて下さい。

○設置基準⇒取り付け面の下方**0.3 m以内**　（煙感知器は**0.6 m以内**）
○感知区域の「はり」⇒**0.4 m以上**　（差動式分布型と煙感知器は**0.6 m以上**）

② 空気吹き出し口（の端）から**1.5 m以上**離して設けること（**光電式分離型**，**差動式分布型**，**炎感知器**は除く）。

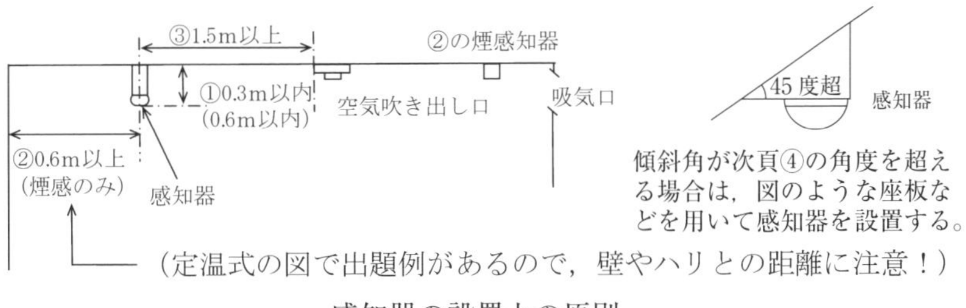

感知器の設置上の原則

③ 感知器の機能に異常を生じない傾斜角度の最大値

差動式分布型感知器（検出部に限る）	5度
スポット型（炎感知器は除く）	45度
光電式分離型（アナログ式含む）と炎感知器	90度

④ **煙感知器**のみの基準

・壁や，はりからは**0.6 m 以上**離すこと。

・天井付近に吸気口がある場合は，その**吸気口付近**に設けること。

A ①より，煙感知器は取付け面の下方**0.6 m 以内**に設ける必要があるので，正しい（はりの高さが記されていないが，はりの高さを含んでも 0.4 m なので，0.6 m 以内という基準を満たしている）。

B ③より，スポット型は**45° 以内**の傾斜に収めなければならないので，誤り。

C ②より，空気吹き出し口からは，**1.5 m 以上**離さなければならないので，誤り。

D ④より，壁からは**0.6 m 以上**離さなければならないので，誤り。

解答

A	B	C	D
○	×	×	×

【問題21】

次の写真は，自動火災報知設備に用いられる感知器を示したものである。次の各設問に答えなさい。

設問 1　これらの感知器の名称を答えなさい。

設問 2　これらの感知器の設置場所として不適切な場所を下記の語群から選び記号で答えなさい。

＜語群＞

ア．排気ガスが多量に滞留する場所
イ．水蒸気が多量に滞留する場所
ウ．天井の高さが，20 m 以上である場所
エ．火を使用する設備で火炎が露出するものが設けられている場所

設問 3　床面からの監視空間の高さを答えなさい。

設問 4　この感知器の試験器を次の写真 A～D の中から選びなさい(複数選択可)。

A

B

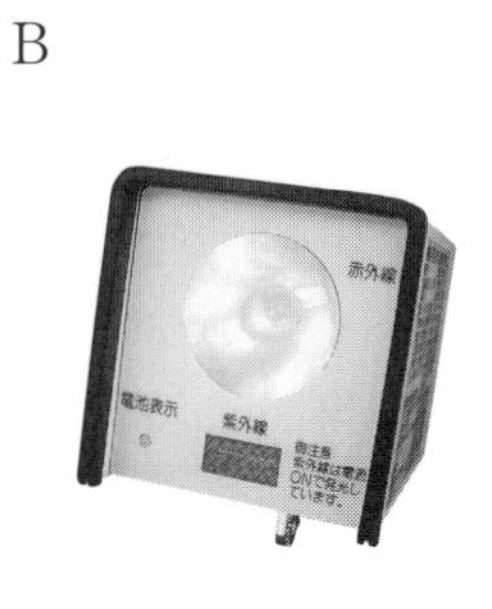

C

D

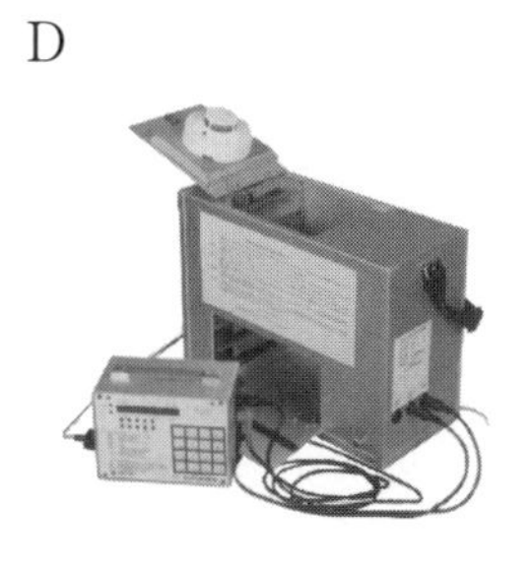

解答欄

設問 1	
設問 2	
設問 3	
設問 4	

問題21の解説・解答

<解説>

設問 1　A，B とも赤外線式の炎感知器です。

設問 2　炎感知器が適応しない場所は，イの**「水蒸気が多量に滞留する場所**（P. 226，巻末資料の表では④）**」**とエの**「火を使用する設備で火炎を露出するものが設けられている場所」**になります（「裸火が使用される工場内」と出題されても同様です）。

なお，エについては，火炎が露出していれば，その炎から出る赤外線や紫外線を検知して動作してしまい，誤作動の原因になるからです。（このような場所には，普段，煙が滞留するなら熱感知器，滞留しないなら煙感知器を設けます。

設問 3　床面からの監視空間の高さは，**1.2 m** までになります。

設問 4　B は赤外線，紫外線式共用，C は赤外線式用の炎感知器用試験器です。

なお，A と D は，ともに煙感知器用感度試験器です（D は実際に煙を発生させるタイプ）。

解答

<table>
<tr><td rowspan="2">設問 1</td><td>A</td><td>炎感知器（赤外線式）</td></tr>
<tr><td>B</td><td>炎感知器（赤外線式）</td></tr>
<tr><td>設問 2</td><td colspan="2">イ，エ</td></tr>
<tr><td>設問 3</td><td colspan="2">1.2 m</td></tr>
<tr><td>設問 4</td><td colspan="2">B，C</td></tr>
</table>

なお，紫外線式の炎感知器は次のような外観です。

【問題22】 下の写真は, 自動火災報知設備の感知器の設置状況を示したものである。次の各設問に答えなさい。

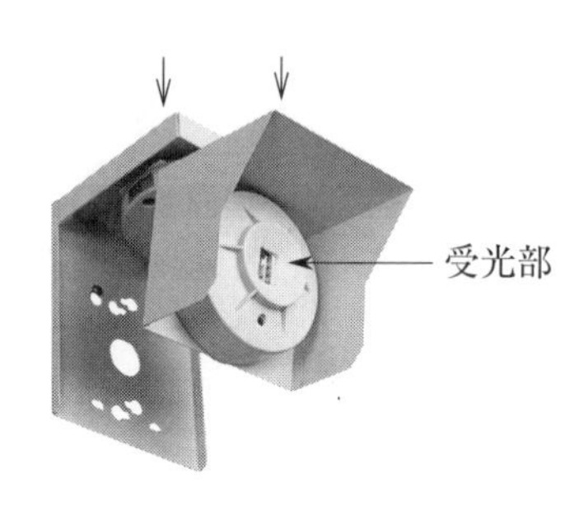

設問1 次の（A),（B）に当てはまる適切な語句を解答欄に記入しなさい。
「この感知器は,（A）式の（B）感知器である。」

設問2 矢印の器具の名称を答えなさい(注：矢印は2つですが, 器具は一つです)。

設問3 この感知器に表示すべき主な事項として, 次のうち誤っているものはいくつあるか。

A 型式
B 製造年月日
C 定格電流
D 感知器の種別
E 公称作動温度
F 製造事業者の氏名と住所

解答欄

設問1	(A)： (B)：
設問2	
設問3	

問題22の解説・解答

＜解説＞

設問 1　感知器の受光部の形状が長方形（赤外線式は円形状）で，受光部の周りが平ら（赤外線式は受光部に向かって少し凹んでいる）なことから，**紫外線式**の**炎感知器**と判断できます。

設問 2　感知器の角度を，上下左右，適切な方向に向けるための台です。

設問 3　感知器に表示すべき主な事項は次のとおりです。

①　差動式スポット型などの型と**感知器**という文字
②　種別を有するものにあっては，その**種別**
③　**公称作動温度**（定温式感知器のみ）
④　**型式**および**型式番号**
⑤　**製造年**（月日は不要）
⑥　**製造事業者**の**氏名**または**名称**
⑦　**取扱方法の概要**

など。

従って，A は④より，D は②より適切ですが，B の製造年月日は⑤より月日は不要，C の定格電流は定格電圧とともに不要，E の公称作動温度は，定温式のみなので，炎感知器には不要，F の製造事業者は，**氏名**または**名称**であり，住所は不要です。

よって，B，C，E，F の 4 つが不適切です。

解答

設問 1	(A)：**紫外線** (B)：**炎**
設問 2	**自在取付台**
設問 3	**4 つ**

疲れたでしょう?
コーヒー飲んで
ひと休みしてね

第3章

感知器の部品

【問題1】 下の写真は，自動火災報知設備の感知器の一部を示したものである。次の各設問に答えなさい。

設問1　写真で示している機器を用いる感知器の名称を答えなさい。

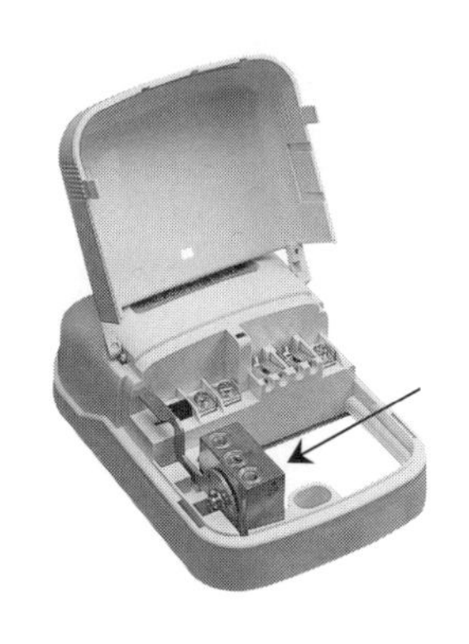

設問2　矢印で示す部分の名称を答えなさい。

設問3　この感知器の作動原理を簡潔に答えなさい。

解答欄

設問1	
設問2	
設問3	

問題1の解説・解答

写真の機器は，差動式分布型感知器（空気管式）の検出部です。

（P. 18のBの銅管端子等の写真を用いて同様な設問で出題される場合があります。）

解答

設問1	**差動式分布型感知器（空気管式）**
設問2	**コックスタンド**(上にある孔はテストポンプを接続する孔と空気管を接続する孔で，横にあるコックハンドルは感知器の試験を行う際に切り替えます)
設問3	**熱による空気管内の空気の膨張により接点を閉じる。**

【問題 2】 イマヒトツ…

下の写真は差動式分布型感知器（熱電対式）の検出部である。次の各設問に答えなさい。

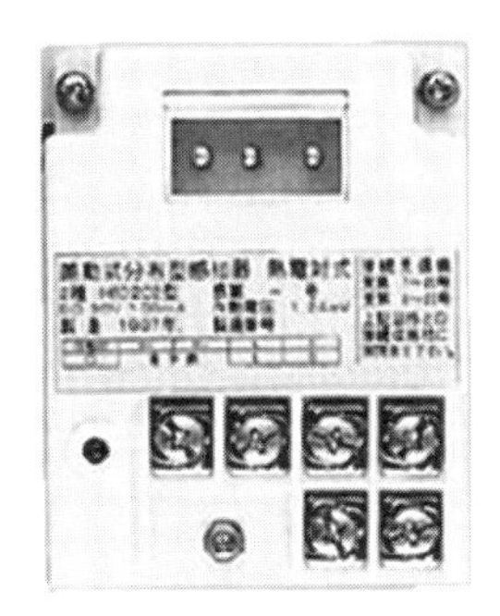

設問 1　検出部 1 個に接続できる熱電対部の最大個数はいくつか。

設問 2　この検出部に対して行う試験名を 2 つ答えなさい。

設問 3　設問 2 の試験を行う試験器の名称を答えなさい。

解答欄

設問 1	
設問 2	
設問 3	

問題2の解説・解答

<解説>

熱電対部の最低接続個数は1感知区域ごとに**4個**であり，また，最大個数は1つの検出部につき**20個以下**とする必要があります。

解答

設問1	**20個**
設問2	**・作動試験** **・回路合成抵抗試験**
設問3	**メーターリレー試験器**

【問題 3】 イマヒトツ…,,,

下の写真は，感知器及び感知器の取付工事に用いる器具を示したものである。感知器の取付工事の際，① 又は ② の部品を使用する感知器を A～D の写真及び図の中からそれぞれ 1 つ選び記号で答えなさい。

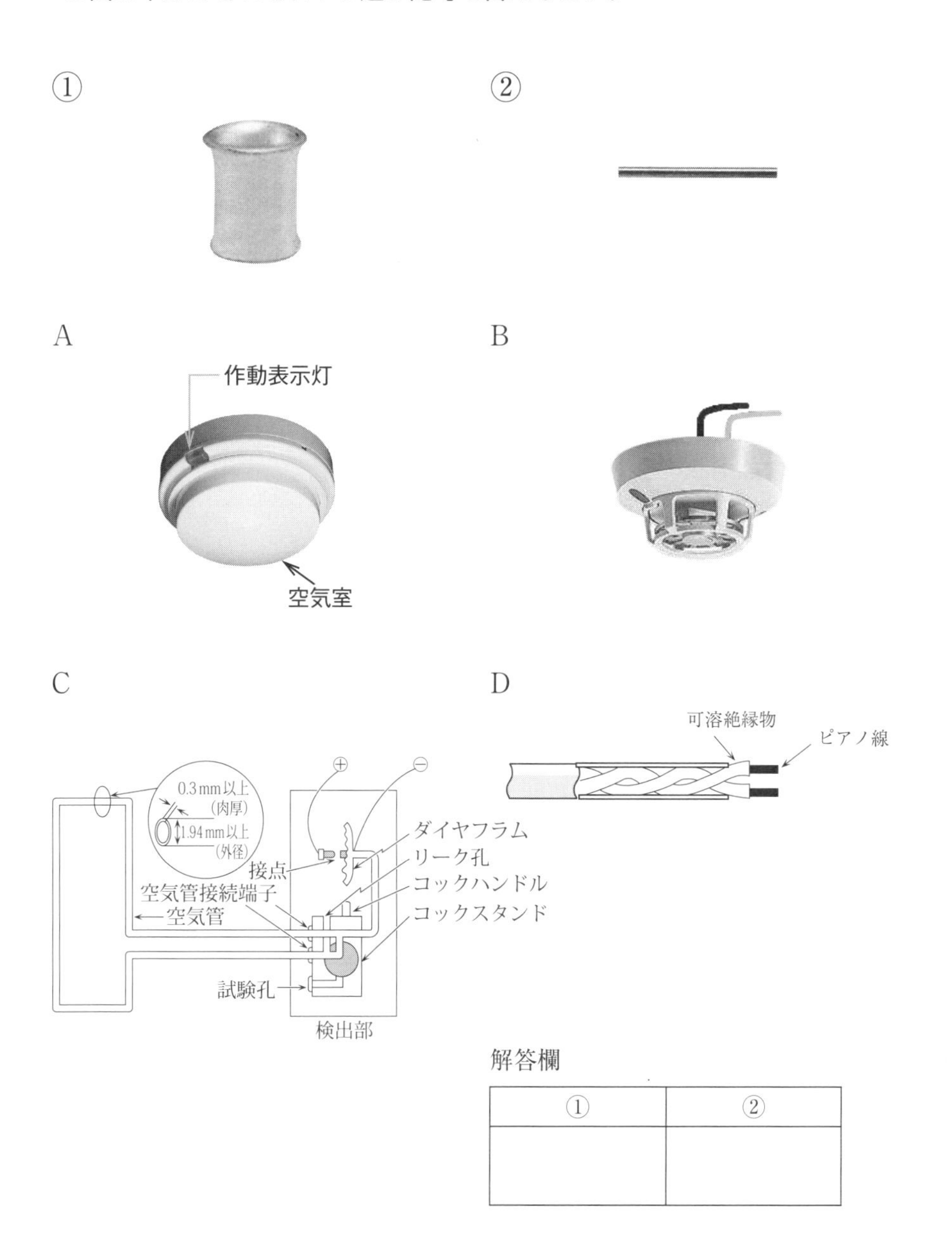

解答欄

①	②

問題3の解説・解答

<解説>

①は**圧着スリーブ**で，中に**定温式スポット型感知器**のリード線を入れて圧着ペンチで圧着接続します。

②は**空気管の接続管**です。

なお，Aは差動式スポット型感知器，Bは，定温式スポット型感知器，Cは，差動式分布型感知器（空気管式），Dは定温式感知線型感知器で，C，Dは，本問では図での出題でしたが，本試験では，Cは空気管の写真，Dは定温式感知線型感知器の写真で出題されることがあります。

解答

①	②
B	C

類題　②の空気管は，場合によっては下図のように，一部をコイル巻にしなければならないが，その理由を説明した次の文の(A)，(B)に当てはまる語句及び数値を答えなさい。

「空気管の露出部分（熱を感知する部分）は（A）ごとに（B）m以上としなければならないため」

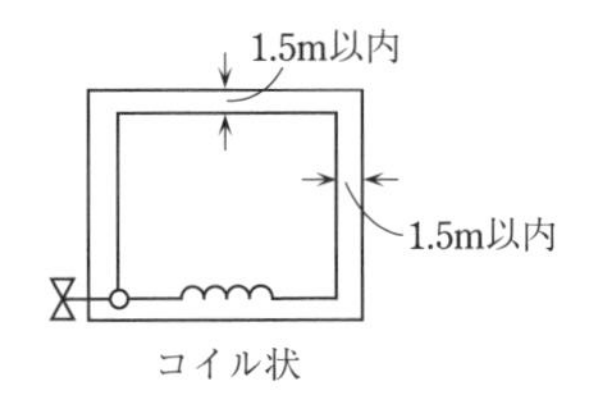

解答欄

(A)	
(B)	

類題の解説・解答

<解説>

正解は，次のようになります。

「空気管の露出部分（熱を感知する部分）は**感知区域**ごとに**20 m 以上**としなければならないため」

この基準を満たさない場合は，図のように一部をコイル巻きにして20 m 以上となるように，施工します。

解答

(A)	**感知区域**
(B)	20

ヤッター！
合格

第4章

発信機

【問題 1】

下の写真は，自動火災報知設備の発信機で，A は P 型 1 級，B は P 型 2 級を示したものである。

次の各設問に答えなさい。

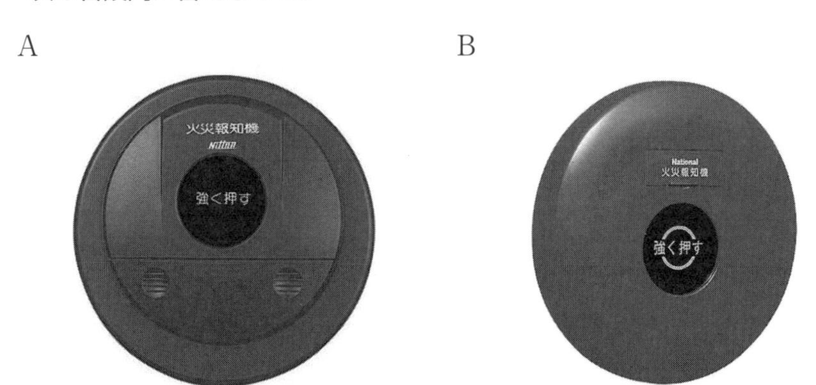

設問 1　P 型 1 級と P 型 2 級の構造上の相違点を 2 つ答えなさい。

設問 2　A に接続することができる受信機を 2 つ答えなさい。

解答欄

設問 1	・ ・
設問 2	・ ・

問題 1 の解説・解答

解答

設問 1	・1 級には確認灯（応答確認灯）があるが 2 級にはない。 ・1 級には電話ジャックがあるが 2 級にはない。
設問 2	・P 型 1 級受信機 ・R 型受信機

下の機器について，次の各設問に答えなさい。

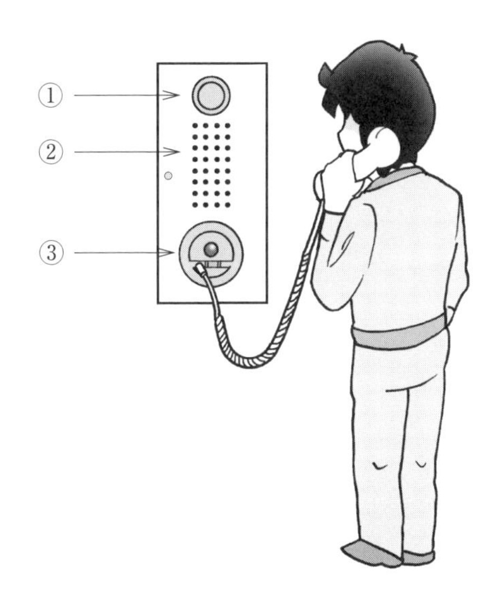

設問 1　この機器の名称および①，②，③の名称を答えなさい。

設問 2　①～③の中で検定が必要なものをその名称で答えなさい。

設問 3　「③は，床面から，（ア）m 以上，（イ）m 以下の高さに設けること。」（ア），（イ）に当てはまる数値を答えなさい。

解答欄

設問 1	・機器の名称： ・①の名称　： ・②の名称　： ・③の名称　：
設問 2	

設問3	ア： イ：

類題の解説・解答

解答

設問1	・機器の名称：**機器収容箱** ・①の名称　：**表示灯** ・②の名称　：**地区音響装置** ・③の名称　：**発信機**
設問2	**発信機**
設問3	ア：**0.8** イ：**1.5**

下の写真は，この機器収容箱の実物だよ。

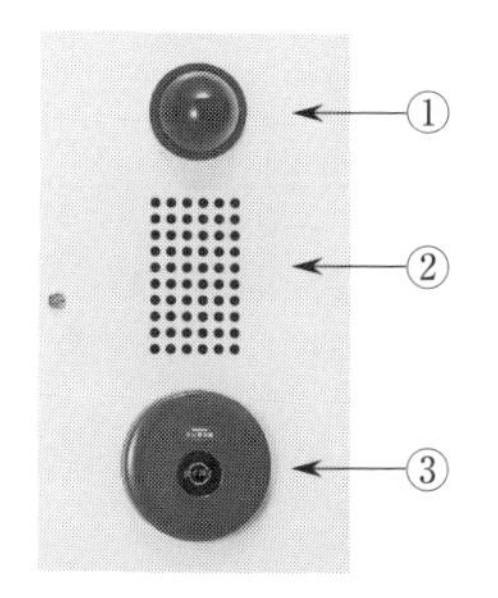

（総合盤ともいう）

【問題 2】 下の写真に示すＰ型１級発信機について，次の各設問に答えなさい。

設問 1 発信機を誤って押してしまった場合に，その処置を受信機で行う場合，最初にすることを答えなさい。

設問 2 設問１の行為に続いて行う処置を，下記の語群から選びなさい。

<語群>

ア．火災表示灯の点灯を確認する。
イ．火災復旧スイッチを入れる。
ウ．感知器の作動を確認する。
エ．火災灯の点灯を確認する。
オ．発信機のボタンをもとの状態に復旧させる。

解答欄

設問 1	
設問 2	

問題2の解説・解答

<解説>

本問は，「発信機を誤って押してしまった場合」と，非火災報（誤報）の原因が判明しているので，通常の非火災報のような，現場へ行って原因の究明を行う必要はなく，まずは，受信機の地区音響停止スイッチ，主音響停止スイッチにより音響装置の鳴動を停止させる必要があります。

これで一応，ベルの鳴動は止みましたが，復旧スイッチで受信機を復旧させると，再び鳴動するので，現場の発信機のボタンをもとの状態に復旧させたあとに，受信機の火災復旧スイッチを入れて，もとの状態に復旧させる必要があります。

なお，復旧スイッチを押した後は，受信機の主音響停止スイッチと地区音響停止スイッチを元の状態（警戒状態）に戻しておきます。

解答

設問1	**地区音響停止スイッチ，主音響停止スイッチを入れて音響装置の鳴動を停止させる。**
設問2	**オ**
	イ

下線部のスイッチは，
P. 139 でいうと，①〜③の
スイッチに該当します。

類題　**この発信機を誤って押してしまったところ，ベルが鳴り，火災灯が表示されたが，この火災灯を復旧させるための操作を2つ答えなさい。**

<解説>

操作が2つと限定されているので，まずは，発信機の押しボタンを元の状態に戻し，次に受信機の火災復旧スイッチを入れれば火災灯，地区表示灯が消えます（この方法では，火災復旧スイッチを入れるまでベルが鳴りっぱなしにはなりますが…)。

[解答]

①発信機の押しボタンボタンを元の状態に戻す。②受信機の火災復旧スイッチを入れる。

【問題 3】 下の 2 つの写真は，自動火災報知設備の P 型発信機を示したものである。(A)～(D) に当てはまる数値または語句を語群から選び記号で答えなさい。

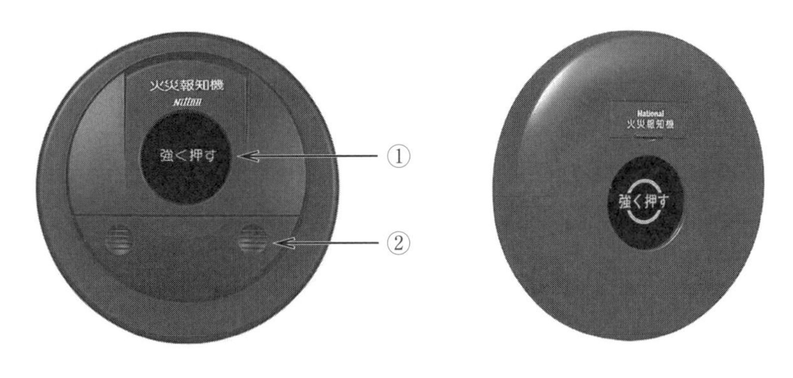

P 型 1 級発信機　　　　P 型 2 級発信機

(1) P 型 1 級発信機の矢印①で示す部分の内部にランプが内臓されている。このランプの名称は (A) である。
(2) P 型 1 級発信機は受信機との相互に連絡可能な矢印②で示す (B) を有しているが 2 級にはない。
(3) 発信機は設置階の各部分から一の発信機までの (C) が (D) メートル以下となるように設けなければならない。

<語群>

ア	電源灯	カ	連絡灯	サ	水平距離
イ	表示灯	キ	電話ジャック	シ	歩行距離
ウ	確認灯	ク	警報装置	ス	25
エ	故障灯	ケ	音響装置	セ	30
オ	点検灯	コ	押しボタン	ソ	50

解答欄

A	B	C	D

問題3の解説・解答

解答

A	B	C	D
ウ	**キ**	**シ**	**ソ**

(①の確認灯は，**確認ランプ**，**応答確認灯**，**通報確認ランプ**などとも言います)

1級の②の部分は，下の写真の矢印部分に示すように，スライド式になっています。

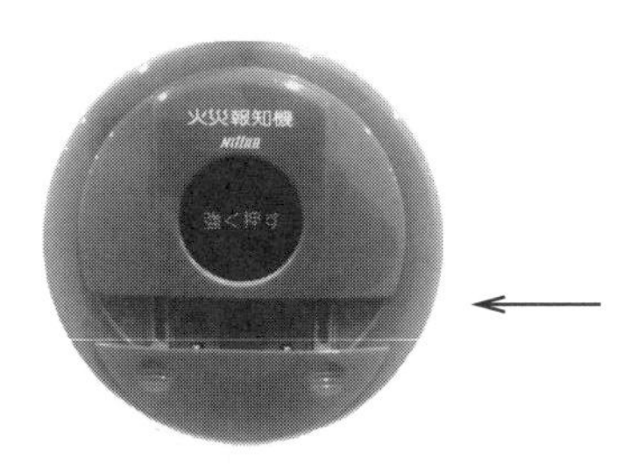

【問題 4】 下の写真は，自動火災報知設備のＰ型１級発信機を示したものである。次の各設問に答えなさい。

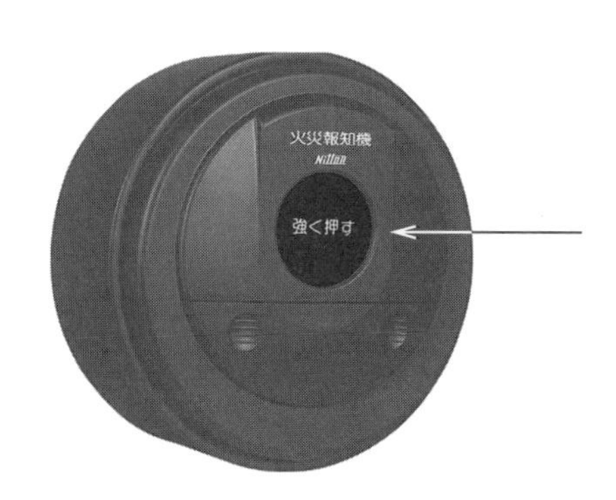

設問 1 矢印で示す部分の内部にランプがあり作動時に点灯するが，この名称及び機能を答えなさい。

設問 2 規格省令上，発信機の外箱の色について定められているものは次のうちどれか。記号で答えなさい。

ア．すべて赤色とすること。

イ．外箱の面積のうち，50％ 以上を赤色とすること。

ウ．外箱の面積のうち，25％ 以上を赤色とすること。

解答欄

設問 1	名称	
	機能	
設問 2		

問題4の解説・解答

<解説>

確認灯は，発信機の押しボタンを押して通報した時に受信機で受信したことを発信機側で確かめることができるボタンのことで，押しボタンを押した時にこのランプが点灯すれば，受信機が確かにこの通報信号を受けたということを確認できる装置です。

解答

設問1	名称	**確認灯**
	機能	**押しボタンを押して火災信号を伝達したとき，受信機がその信号を受信したことを発信者が確認できる装置**
設問2	**ア**	

【問題 5】 下の写真に示す機器について，次の各設問に答えなさい。

設問 1　この機器の名称を答えなさい。

設問 2　この機器を発信機の電話ジャックに差し込んで通話する場合，どこと通話するかを答えなさい。

解答欄

設問 1	
設問 2	

問題5の解説・解答

<解説>

設問1　送受話器は，一般に，受信機の付属品として納入されるもので，受信機内かその近辺に置かれていることが多く，受信機が火災警報を受信した際に，この送受話器を持って現地に行き，近くのP型1級発信機の電話ジャックに差し込んで受信機側と現地の状況について会話するためのものです。

この手順については出題例があるので，特に，下線部あたりについては，把握しておいてください。

設問2　受信機の規格省令の第8条，第9条(抜粋)，第13条には，次のように定められています。

(P型受信機の機能)
第8条　P型1級受信機の機能は次に定めるところによらなければならない。
〜（省略）
五　P型1級発信機を接続する受信機(接続することができる回線の数が一のものを除く。)にあっては，発信機からの火災信号を受信した旨の信号を当該発信機に送ることができ，かつ，火災信号の伝達に支障なく発信機との間で電話連絡をすることができること。

また，この機能は，第9条では**R型受信機**，第13条では**GR型受信機**についても準用する，となっています。

(GR型受信機の機能)
第13条　第9条及び第11条の規定は，GR型受信機の機能について準用する。

以上より，P型1級受信機のほか，**R型受信機，GR型受信機**も該当することになります。

解答

設問	解答
設問1	**送受話器**
設問2	**P型1級受信機（またはR型受信機，GR型受信機）**

第5章

受信機

【問題１】 下の写真は，Ｐ型１級受信機及びＰ型２級受信機の一例を示したものであり，下の表は法令に定められている受信機の機能を表したものである。表中の【　】に当てはまる語句を語群から選び，記号で答えなさい。ただし，接続することができる回線数が１のものを除く。

Ａ

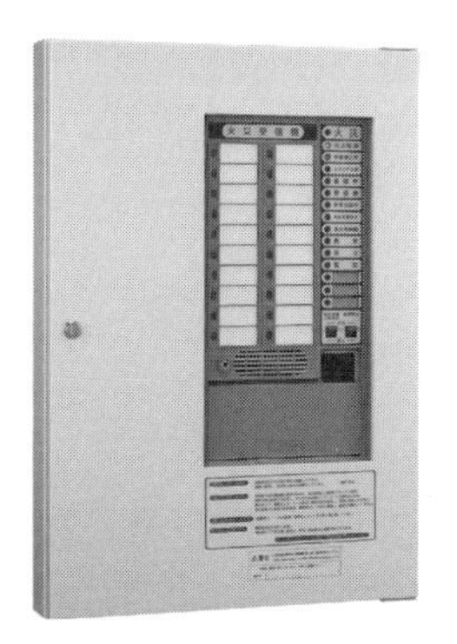

Ｐ型１級受信機

Ｂ

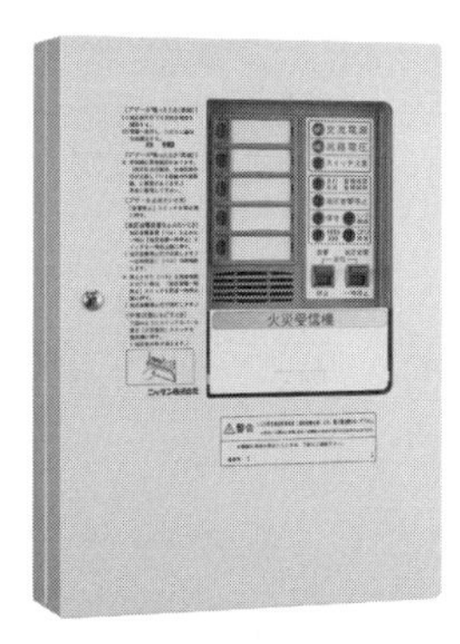

Ｐ型２級受信機

	接続することができる回線数	火災灯	導通試験装置	【④】	予備電源
Ａ	【①】	必要	必要	必要	必要
Ｂ	５回線以下	【②】	【③】	必要	【⑤】

＜語群＞

ア．制限がない
イ．50回線以下
ウ．10回線以下
エ．７回線以下
オ．必要
カ．不要
キ．省略することができる
ク．非常電源があれば不要
ケ．主電源を監視する装置
コ．発信機との電話連絡装置
サ．発信機に送る確認応答装置

解答欄

①	②	③	④	⑤

問題1の解説・解答

<解説>

下記の表を参照

なお，写真Aは**火災灯**があること，**地区表示灯**が**6以上**あることから**P型1級受信機**，写真Bは，**火災灯**が無いこと，**地区表示灯**が**5つ**しかないことから**P型2級受信機**になります（いずれも多回線）。

P型受信機の機能比較表（○必要　×不要）

		P1 多回線	P1 1回線	P2 多回線	P2 1回線	P3 1回線
a	火災表示試験	○	○	○	○	○
b	火災表示の保持	○	○	○	○	×
c	予備電源	○	○	**○**	×	×
d	火災灯	○	×	**×**	×	×
e	地区表示灯	○	×	○	×	×
f	確認，電話連絡	○	×	×	×	×
g	導通試験	○	×	**×**	×	×
h	地区音響装置（dB）	90以上	90以上	90以上	×	×
i	主音響装置（dB）	85以上	85以上	85以上	85以上	70以上

②については表中の薄いスミがかかっている7箇所の×は，規格そのものがないので「不要」，その他の×印は，規格省令に「～しないことができる」等と表示してあるので「省略することができる」という解釈になり，よって，表のdの太字の×より，「省略することができる」となります。③はgの太字の×より「不要」，④は，1級，2級とも必要ということなので，各受信機に共通に必要な機能であるケが正解。⑤は，cの太字の○より「必要」となります。

解答

①	ア	②	キ	③	カ
④	ケ	⑤	オ		

【問題2】 下の表は，P型2級受信機（1回線用）とP型3級受信機の構造，機能を比較したものである。

表中の①～⑥に当てはまるものを，文字，数字又は凡例記号を用いて答えなさい。

<P型2級受信機（1回線用）とP型3級受信機の比較>

	主音響装置の音圧	火災表示の保持	回線数の制限	予備電源	火災灯
P型2級（1回線用）	85 dB以上	②	1回線用	④	⑤
P型3級	①	×	③	×	⑥

凡例

○：必要あり
×：必要なし

解答欄

①	②	③	④	⑤	⑥

問題2の解説・解答

<解説>

前問のP型受信機の機能比較表の「P2　1回線」と「P3　1回線」を参照

解答

①	②	③	④	⑤	⑥
70 dB以上	○	1回線用	×	×	×

（①は表のi，②はb，④はc，⑤，⑥はdを参照）

【問題 3】 下の図は，P 型 2 級受信機を使用する自動火災報知設備の設置例を示したものである。次の各設問に答えなさい。なお，受信機は規格省令上必要最小限の機能を有しているものとする。

設問 1 1 階の感知器回路の導通を試験する方法として最も適当なものを下記の語群から選び記号で答えなさい。

＜語群＞

ア．１階の表示灯が点灯しているかを確認する。

イ．導通試験スイッチを倒し，各回線ごとに，「火災表示試験」を行って確認する。

ウ．各感知器を加熱又は加煙試験器で作動させ，受信機が表示しているかを確認する。

エ．火災試験スイッチにより，１階の地区表示灯を点灯させて確認する。

オ．１階の発信機の押しボタンを押して確認する。

設問 2 この受信機において，総合点検時に復旧させることなく，全回線の火災表示試験を行い確認する点検項目を答えなさい。

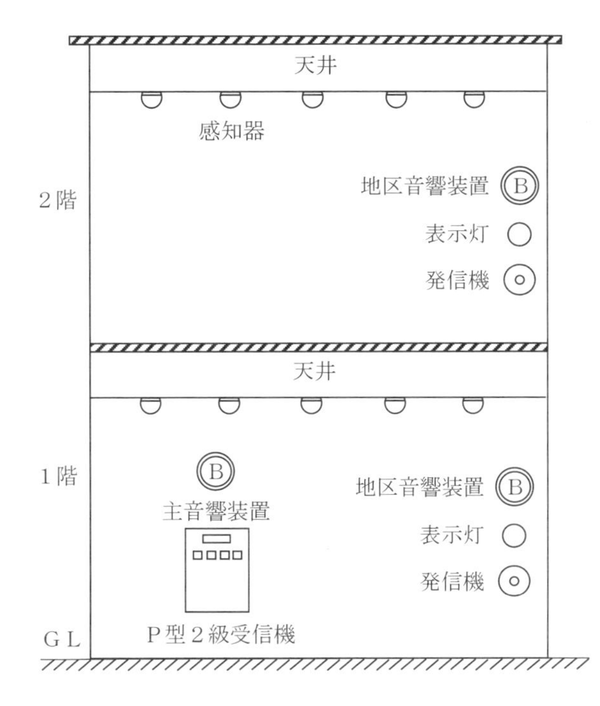

解答欄

設問1	
設問2	

問題3の解説・解答

<解説>

設問1　P型2級受信機における回路導通試験の方法を答えればよいので，オの**発信機**を押して**音響装置の鳴動**や**地区表示灯**の点灯により確認すればよいことになります。

導通を確認後は，ボタンを元の状態に戻し，火災復旧スイッチを入れて地区表示ランプ等の自己保持を解除し，消灯及び音響装置の鳴動を停止させます。

なお，ウの記述は，受信機ではなく感知器の作動試験に関する記述です。

解答

設問1	**オ**
設問2	**同時作動試験**

【問題 4】 下の写真は，蓄積機能を有する自動火災報知設備の受信機を示したものである。次の各設問に答えなさい。

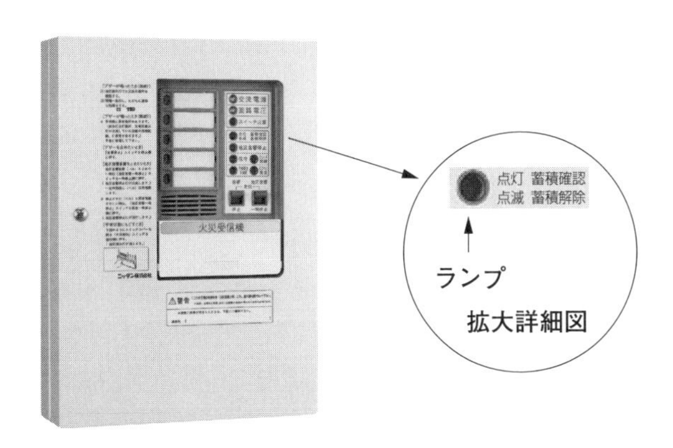

設問 1 矢印で示すランプの点灯によって表示される蓄積機能は，どのような理由で設けられているのかを答えなさい。

設問 2 蓄積中を示すランプが点灯している場合，保留されている機能をすべて答えなさい。

解答欄

設問 1	
設問 2	

問題４の解説・解答

<解説>

蓄積機能とは，受信機が火災信号を受信しても一定時間（**5 秒を超え 60 秒以内**）継過しないと火災表示を行わない機能で，タバコの煙などによる非火災報（誤報）を防止するために受信機に持たせた機能です。

つまり，煙などを感知器が感知して，その信号を受信機に発信しても，受信機はすぐに作動せずに，一定時間経過して，まだその状態が継続していることが確実になったとき，すなわち，火災の可能性がきわめて大になったときに，はじめて作動させるわけです。

従って，設問２は，受信機が作動する際の機能を記せばよいわけです。

写真の受信機はＰ型２級受信機なので，解答のような機能となりますが，Ｐ型１級受信機なら，これに**「火災灯の点灯」**が加わります。

解答

設問１	**非火災報を防止するため**
設問２	**・地区表示灯の点灯** **・主音響装置の鳴動** **・地区音響装置の鳴動**

【問題 5】 下記の説明文は，共通線試験の手順について述べたものである。文中の［　　］内に当てはまる語句を，下記の語群から選び記号で答えなさい。（重複解答可）

なお，写真は P 型 1 級受信機の操作部を示したものであり，表はこの受信機における「共通線表示」である。

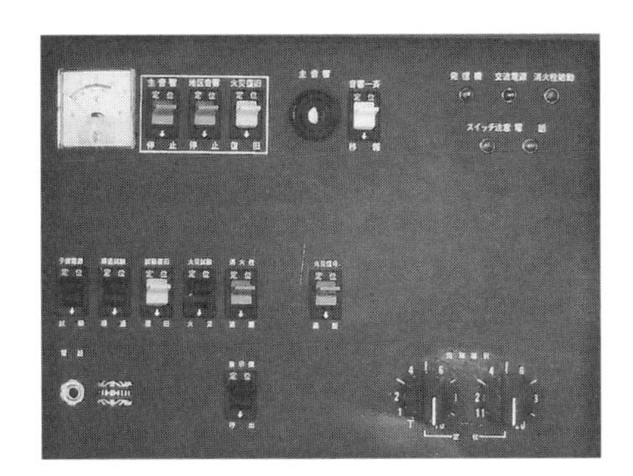

表

共通線表示	
C_1	L_1，L_2，L_3，L_4，L_5
C_2	L_6，L_7，L_8

（注）
C：共通線　　L：表示線

<説明文>

各回線ごとに回路導通試験を行ったところ，全回線正常であった。
次に C_1 から C_2 線を，「手順 1〜4」に従い次のような共通線試験を行った。
<手順 1>　［①］試験スイッチを倒す。
<手順 2>　［②］を外し，［③］スイッチを回す。
<手順 3>　次に，［④］を外し，［⑤］スイッチを回す。
<手順 4>　各共通線表示に対応する各回線の数が，［⑥］となれば，良好と判断する。

<語群>

ア．火災	オ．断線	ケ．C_1
イ．ベル停止	カ．導通	コ．C_2
ウ．正常	キ．復旧	サ．L_1〜L_5
エ．試験復旧	ク．回線選択	シ．L_6〜L_8

解答欄

①	②	③	④	⑤	⑥

問題5の解説・解答

<解説>

共通線試験は，感知器回路の共通線が1本につき**7警戒区域（7回線）以下**であることを確認する試験です。

その方法は，任意の警戒区域の共通線を外し，受信機の回線選択スイッチを1回線（1警戒区域）ずつ回して（または倒して），各共通線表示に対応する各回線が「断線」となれば（＝断線となった回線数が共通線に接続されている回線数であれば）良好と判断します。

解答

①	②	③	④	⑤	⑥
カ	ケ	ク	コ	ク	オ

下線部は，少しわかりにくいかもしれないが，要するに，その共通線に仮に6回線が接続されていて，その共通線を外した時，断線となった回線数が6となったら「良好」と判断するということなんじゃ。

なお，本試験では**「断線している回線数が7以下であれば良好と判断する」**という表現で出題されることもあるので注意が必要じゃ。

【問題6】 次の図は，自動火災報知設備のP型1級受信機を示したものである。次の各設問に答えなさい。

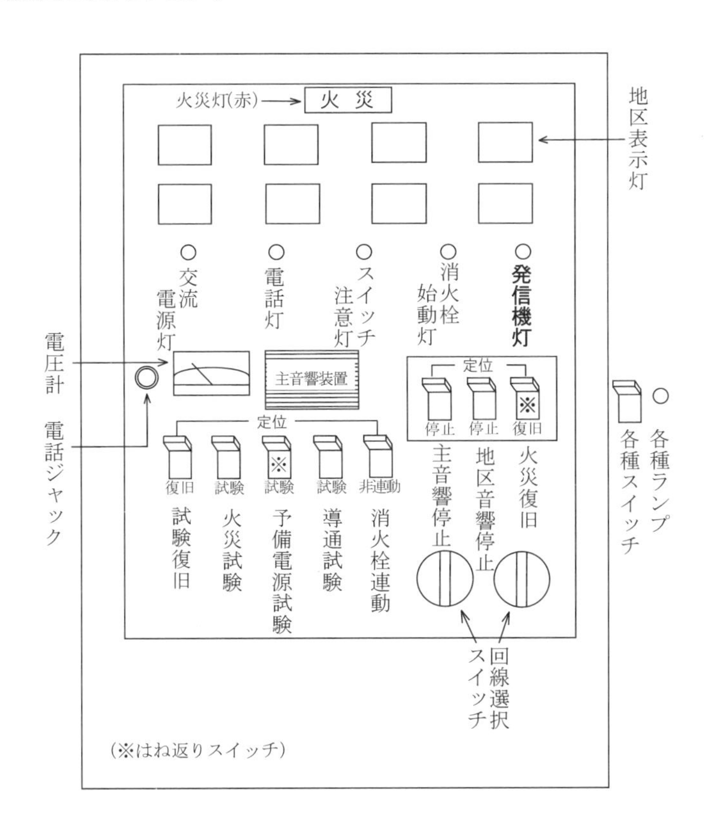

設問1 次の操作要領で，受信機の「ある試験」を実施した。この「ある試験」の名称と，その際に使用する「電源の種類」を次頁の語群から選び記号で答えなさい。

＜操作＞

1．火災試験スイッチを倒す。
2．火災復旧スイッチを復旧させることなく，回線選択スイッチにより，任意の5回線を作動状態にする。
3．各表示灯及び各音響装置の異常の有無を確認する。

設問 2 設問1の試験を予備電源を用いて実施する場合, 何回線を作動状態にするのか答えなさい。

<語群>

ア. 部分鳴動試験	オ. 常用電源
イ. 自己保持試験	カ. 非常電源
ウ. 予備電源切替試験	キ. 予備電源
エ. 同時作動試験	

解答欄

設問1	
設問2	回線

問題6の解説・解答

<解説>

設問 1 2の「任意の5回線を作動状態にする。」より, この試験は, **常用電源**による**同時作動試験**になります。

同時作動試験は次の順序で行います。

① 火災試験スイッチを試験側に倒す。

② 回線選択スイッチを5回連続してまわし, 任意の5回線を作動状態にする。この時, 試験復旧スイッチは操作しない (1回1回復旧させない)。

③ 対応する「地区表示灯」が順次点灯し, 表示が保持されているかを確認し, また「火災灯」の点灯や「主音響, 地区音響」の鳴動が継続されているかも確認する。

設問 2 予備電源を用いて同時作動試験を行う場合, 上記②の5回線は**2回線**しか作動状態にすることはできません。

解答

設問1	**エ, オ**
設問2	**2** 回線

類題 1 問題6の受信機には，「スイッチ注意灯」と表示されているランプがあるが，このランプが点滅している場合，その原因として適当なものを，下記の語群から2つ選び記号で答えなさい。

<語群>

ア．終端器が外れている。
イ．導通試験スイッチが試験側の位置にある。
ウ．火災復旧スイッチが定位にない。
エ．予備電源の電圧が低下している。
オ．主音響停止スイッチが停止の位置にある。
カ．予備電源試験スイッチが停止の位置にある。

解答欄

類題1の解説・解答

<解説>

スイッチ注意灯は，受信機のスイッチが定位（定位置）にないときにランプを点滅させることによって知らせるもので，自動的に定位に復帰しないタイプのスイッチ（つまり，はね返りスイッチではないタイプのスイッチ）が**OFFの状態にある時**に点滅します。

よって，ウの火災復旧スイッチとカの予備電源試験スイッチは，はね返りスイッチなので，スイッチ注意灯とは関係がありません。

また，アの終端器が外れていたり，エの予備電源の電圧が低下しているからといってスイッチ注意灯は点滅しません（予備電源の電圧のチェックは，予備電源試験スイッチを入れて行います。）

解答

イ	オ

ちなみにランプ関係では，**「スイッチ注意灯が点灯する理由」**を記述で書かせる出題例もありますが，はね返りスイッチ以外のスイッチ（**地区音響停止スイッチ**や**導通試験スイッチ**など）が**定位にない**旨を答えればよいだけです。

類題 2 問題6の受信機には，「スイッチ注意灯」と表示されているランプがあるが，この受信機のスイッチ注意灯が点滅状態となっていた場合，この原因として考えられることを下記の語群から2つ選び記号で答えなさい。

<語群>

ア．終端抵抗が断線している。
イ．導通試験のスイッチが定位にない。
ウ．消火栓連動スイッチが定位にない。
エ．予備電源の電圧が低下している。
オ．感知器が取り外されている。
カ．感知器の配線が断線している。
キ．電源試験スイッチが定位にない。

解答欄

類題2の解説・解答

<解説>

【類題1】と同じ問題のように見えますが，語群の表現が違うので，出題しました。

ア．類題1より，スイッチ注意灯は点滅しません。

イ，ウ．はね返りスイッチではないので，スイッチ注意灯が点滅します。

エ．類題1の解説より，スイッチ注意灯は点滅しません。

オ，カ．スイッチ注意灯は，あくまでも受信機自身のスイッチに関する警告灯なので，感知器や感知器回路の不具合では，点滅しません。

キ．はね返りスイッチなので，スイッチ注意灯は点滅しません。

解答

イ	ウ

【問題７】 下の写真は，自動火災報知設備の受信機である。
次の条件文を参照して下記の設問に答えなさい。

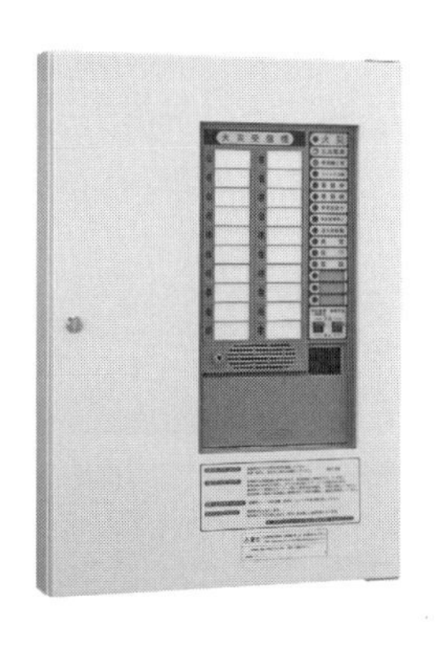

<条件文>
1　火災灯と地区表示灯 NO. 3（２階）が点灯している。
2　調査の結果火災の事実はなく，また，受信機の復旧スイッチを操作しても受信機を復旧できなかった。
3　火災灯点灯時，自動火災報知設備の点検等は行われていない。
4　NO. 3（２階）の警戒区域には，複数の感知器が設置され，一感知区域に感知器１個が設置されている。

設問１　火災灯の点灯が，感知器以外の場合の理由を２つ答えなさい。ただし，熱感知器は作動状態を継続しているものとし，ランプなどの故障は考えないものとする。

設問２　火災灯の点灯が，感知器によるものであった場合，どの感知器かを調べる方法として正しいものを次の語群から選び記号で答えなさい。

＜語群＞

ア．回路導通試験を行い，作動した感知器を調べる。
イ．絶縁抵抗測定器で回路を調べ，作動した回路を探す。
ウ．復旧スイッチを操作すれば，作動した感知器自体は必ず復旧するので，個々の感知器は調べないでよい構造になっている。
エ．感知器を1個ずつ順に外していき，その都度復旧スイッチを操作して調べる。

解答欄

設問1	
設問2	

問題7の解説・解答

＜解説＞

設問1　非火災報の原因については，次のようなものがあります。

(a) 感知器が原因の非火災報	①　感知器種別の選定の誤り ②　感知器内の短絡（結露や接点不良など）など。 ③　熱感知器 ・差動式感知器を急激な温度上昇のある部屋に設置した。 ・差動式感知器のリーク抵抗が大きい。 ④　煙感知器 ・砂ぼこり，粉塵，水蒸気（⇒以上，光をさえぎるもの）の発生。 ・狭い部屋でタバコを吸った。 ・網の中に虫が侵入した。 などにより接点が閉じた。
(b) 感知器以外の非火災報	①　発信機が押された。 ②　感知器回路の短絡（配線の腐食や終端器の汚れ等による短絡など）。 ③　感知器回路の絶縁不良（大雨やネズミに齧（かじ）られた，など）。 ④　受信機の故障（音響装置のトラブルなど）。 （②と③の対処方法については，回路の導通試験や絶縁抵抗試験などを行う。）

(c) 非火災報の原因にならないもの	① 終端器を接続した（終端器は高抵抗なので，感知器などに接続しても，当然，受信機が発報と判断するまでの大きな電流は流れない）。 ② 終端器の断線（⇒導通試験電流が流れないので断線検出不可にはなる）。 ③ 差動式感知器の「リーク抵抗が小さい」（⇒不作動の原因にはなる）。 ④ 差動式分布型感知器の「空気管のひびわれや切断など」（⇒不作動の原因にはなる）。

設問 1 の場合，(b) に該当するので，このうちから2つを答えればよいことになります。

設問 2 アの回路導通試験ですが，感知器が作動しているので，回路が短絡されており，回路導通試験を行っても作動感知器を通過して導通するだけで，それで，その作動感知器を特定することはできません。

エ 発報したエリアの感知器を1つずつ，取り外して復旧スイッチを押し，復旧するのを確認します。この場合，ある感知器を取り外して，復旧スイッチを入れて復旧すれば（火災灯や地区表示灯が消え，受信機が元の状態に復旧する），その感知器が発報した感知器ということになります。

解答

設問 1	**・発信機が押された。** **・感知器回路の短絡**
設問 2	**エ**

類題1 受信機の火災灯が点灯したので，現地に向かい感知器をチェックしたが異常は見られなかった。そこで，受信機を復旧しようと火災復旧スイッチを操作したが復旧できなかった。

考えられる原因を2つ答えなさい。

解答欄

類題2 配線の故障の場合，その調査方法を2つ答えなさい。

解答欄

類題の解説・解答

<解説>

類題1 P. 130の「非火災報の原因」の（b）感知器以外の非火災報より，

・発信機が押されたままになっている。

・感知器回路が短絡している。

・感知器回路の絶縁不良

・受信機の故障

などが原因として考えられます。

解答

類題1	・発信機が押されたままになっている。 ・感知器回路が短絡している。
類題2	・絶縁抵抗試験を行い，故障箇所の特定を行う。 ・回路導通試験を行い，故障箇所の特定を行う。

【問題8】 下の写真は，自動火災報知設備に使用する受信機である。
次の各設問に答えなさい。

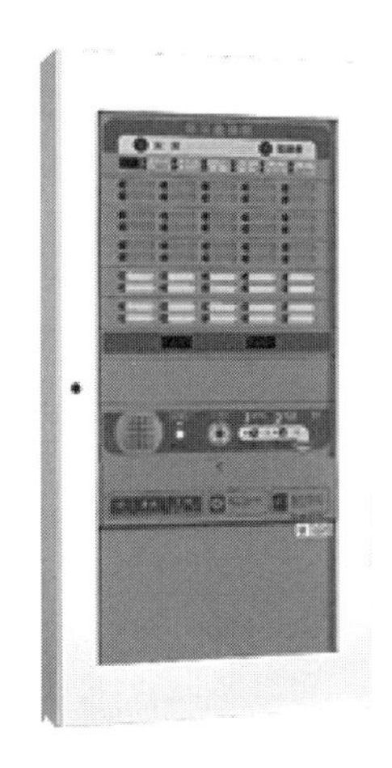

設問1 この受信機の名称を答えなさい。

設問2 この受信機において，火災信号又は火災表示信号を受信してから火災表示（地区音響装置の鳴動は除く）までの所要時間は何秒以内とされているかを答えなさい。

設問3 この受信機が火災でもないのに火災灯が点灯した。
その原因として，次のうち不適切なものの記号を解答欄に記入しなさい。

ア．火災作動試験実施中に感知器の接点が故障し，復旧しなくなった。
イ．感知器が取り外されていた。
ウ．感知器内が水滴により短絡している。
エ．発信機の押しボタンスイッチが押したままになっている。
オ．発信機の電話ジャックに送受話器を差し込み，受信機側を呼んでいる。

解答欄

設問1	
設問2	
設問3	

問題8の解説・解答

＜解説＞

設問1　受信機上部にある地区表示灯の窓が明らかに6以上あるので，P型1級受信機になります。

設問2　受信機の規格省令第8条第1項より，**5秒以内**とされています。

設問3

ア．接点が復旧しなくなれば，作動状態のままになり，火災灯は点灯したままになります。

イ．感知器が取り外されていたら，そもそも接点が短絡していないので，火災灯は点灯しません。

ウ．接点が短絡していれば，火災灯は点灯したままになります。

エ．発信機の押しボタンスイッチが押したままになっていれば，火災灯は点灯したままになります。

オ．発信機の電話ジャックに送受話器を差し込んでも感知器回路は短絡されないので，火災灯は点灯しません。

解答

設問	解答
設問1	**P型1級受信機**
設問2	**5秒以内**
設問3	**イ，オ**

【問題９】 下図のＰ型１級受信機において，No. ３の回線が現在工事のため断線になっている。また，No. ９，10の回線は予備の空回線である。このような受信機の状態において，次の各設問に答えなさい。

なお，ランプ等に異常はないものとする。

設問１ 火災表示試験を実施した場合の結果として，正しいものを次頁の語群から選び記号で答えなさい。

設問２ No. ３の回線が断線していることを判別する試験方法の名称を答えなさい。

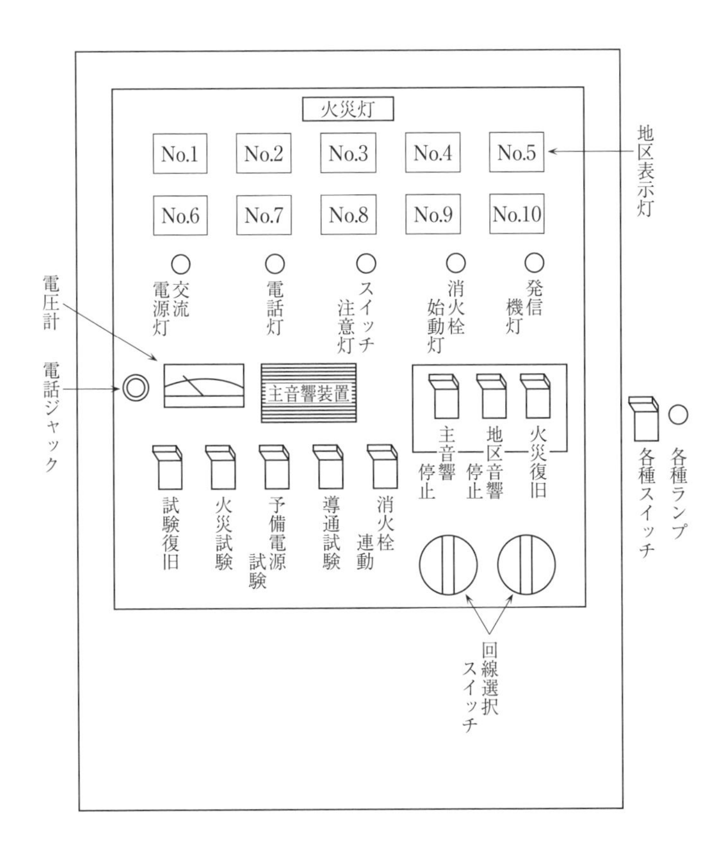

<語群>

ア．全部の地区表示灯が点灯する。
イ．No. 3の地区表示灯が点灯しない。
ウ．No. 9とNo. 10の地区表示灯が点灯しない。
エ．No. 3とNo. 9及びNo. 10の地区表示灯が点灯しない。
オ．予備電源に切り替えれば，No. 3の地区表示灯も点灯する。

解答欄

設問1	
設問2	

問題9の解説・解答

<解説>

設問1　NO. 3の回線が断線していても，受信機そのものの火災表示試験には影響がないので，NO. 3のランプは点灯します。また，No. 9とNo. 10の回線ですが，予備の空回線であっても火災表示試験を実施すればランプは点灯します。

設問2　回路の導通を試験すればよいので，**回路導通試験**になります。

解答

設問1	**ア**
設問2	**回路導通試験**

【問題10】 下の写真は，自動火災報知設備のＰ型１級受信機である。
次の各設問に答えなさい。

設問１ 矢印Ａ，Ｂで示す部分の名称を答えなさい。

設問２ 接続された感知器が火災を感知した。その時の主たる作動状態を４つ答えなさい。

設問３ 次の操作をしたとき，受信機が示すことを３つ答えなさい。
1．火災試験スイッチを倒す。
2．回路選択スイッチを順次倒す。

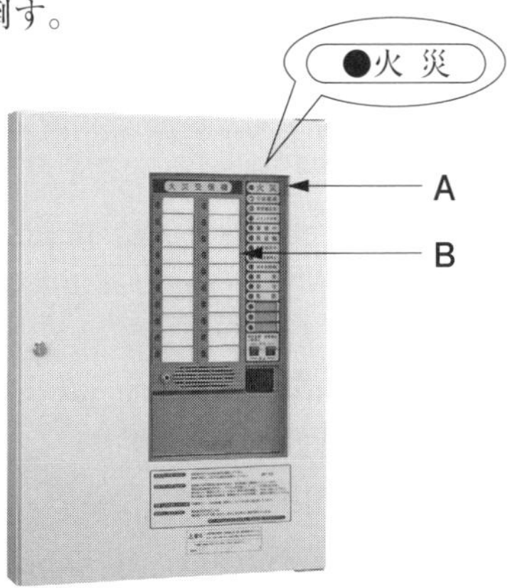

解答欄

<table>
<tr><td rowspan="2">設問１</td><td>Ａ：</td></tr>
<tr><td>Ｂ：</td></tr>
<tr><td rowspan="4">設問２</td><td>1．</td></tr>
<tr><td>2．</td></tr>
<tr><td>3．</td></tr>
<tr><td>4．</td></tr>
<tr><td rowspan="3">設問３</td><td>1．</td></tr>
<tr><td>2．</td></tr>
<tr><td>3．</td></tr>
</table>

問題10の解説・解答

<解説>

設問2 本問は，**感知器が火災を感知した際の受信機の主たる作動状態**に関する問題ですが，「**蓄積確認灯が点灯している場合に保留されている機能**をすべて答えなさい」という出題であっても解答は同じです。

設問3 火災試験スイッチを倒して，回路選択スイッチを順次倒すというのは，**火災表示試験**であり，火災表示試験は，感知器が火災を感知した際の受信機の作動状態をチェックする試験なので，結局，設問2と同じ表示をすればよいことになります。

ただ，設問3の方は，「受信機が示すこと」と受信機に限定しているので，設問2の「地区音響装置の鳴動」というのは，除かれます。

解答

設問	解答
設問1	A：**火災灯** B：**地区表示灯**
設問2	1．**火災灯の点灯** 2．**地区表示灯の点灯** 3．**主音響装置の鳴動** 4．**地区音響装置の鳴動**
設問3	1．**火災灯の点灯** 2．**地区表示灯の点灯** 3．**主音響装置の鳴動**

【問題11】 下の図は，P型1級受信機（8回線用）の前面操作スイッチ部分の概略を示したものである。次の各設問に答えなさい。

設問1　この受信機の「火災表示試験」を行う場合，必要なスイッチの操作手順として，正しい順序をスイッチ番号で答えなさい。

設問2　この受信機の「回路導通試験」を行う場合，必要なスイッチの操作手順として，正しい順序をスイッチ番号で答えなさい。

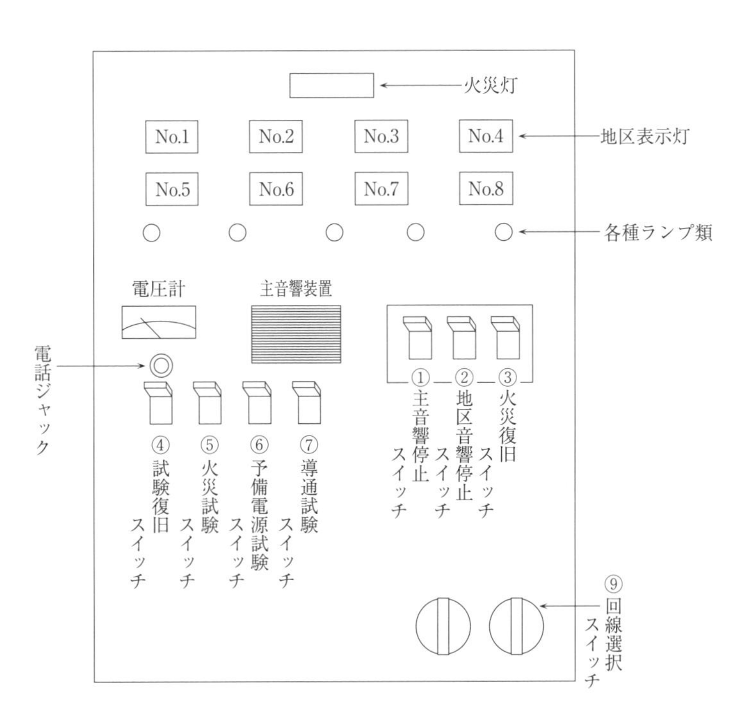

解答欄

設問1

	⇒		⇒	

設問2

［　　］ ⇒ ［　　］

問題11の解説・解答

＜解説＞

設問1　火災表示試験は次の順序で行います。

① **火災試験スイッチ**を試験側に倒す。

② **回線選択スイッチ**のダイヤルを1に合わせ,「**火災灯**および**地区表示灯**が点灯しているかの確認」,「選択スイッチのダイヤル番号と**地区表示灯**の番号が一致しているかどうかの確認」,および「**音響装置**が正しく鳴動しているかどうかの確認」を行う。

③ それらが終わると**火災復旧スイッチ**（試験復旧スイッチではないので注意！）で元の状態に復帰させ，順次ダイヤルを回して同様の試験を行う。

（注：火災表示試験では，**火災時の表示**や③の**火災表示にかかわるリレーのチェック**のほか,「回線選択スイッチを回しても復旧スイッチを入れるまでは表示が継続している」,ということにより**自己保持機能**の確認を行うこともできますが,このことについて本試験では，度々「火災表示試験の目的を答えなさい。」などと出題されているので，注意が必要です（答は上記の下線部)。）

なお，G型受信機における「ガス漏れ表示試験の手順」についても出題例があり，基本的にはP型1級受信機と同じ操作ですが，②の下線部，火災試験スイッチが**「ガス漏れ試験スイッチ」**になり，③の下線部，火災灯が**「ガス漏れ灯」**になるだけです。

⇒＜G型受信機の火災表示試験＞

① **ガス漏れ試験スイッチ**を試験側に倒す。

② **ガス漏れ灯**，地区表示灯の点灯などを確認する。

③ 火災復旧スイッチで受信機を元の状態に戻す。

④ 回線選択スイッチを回す。

設問1の解答

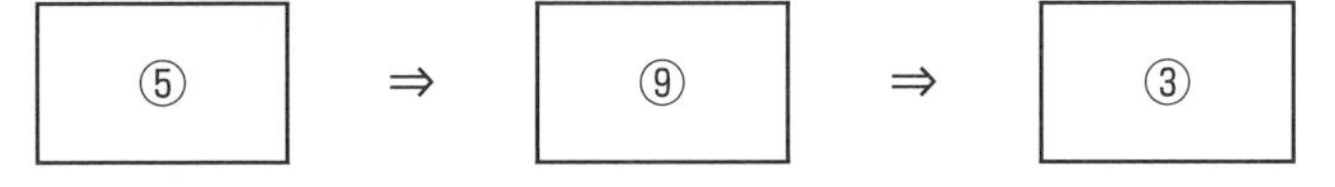

設問2　回路導通試験は感知器回路の断線の有無を試験するもので，これも火災表示試験同様，回線選択スイッチのダイヤルを順にまわし1回線ずつ次のように試験を行っていきます。

①　**導通試験スイッチ**を試験側に倒す。

②　計器（電圧計）の針が適性値を指しているかどうか（または導通表示灯が表示しているか）を確認する。

よって，⑦⇒⑨　が正解になります。

（注：P型2級受信機の場合は，発信機や回路試験器を押して試験を行います）

設問2の解答

⑦	⇒	⑨

P型1級受信機の場合，回路導通試験を行うため，下の写真のような終端抵抗を回路の末端に接続します。

【問題12】　次の機器 A～I のうち，R 型受信機に接続する構成機器に該当するものを 6 つ選びなさい。

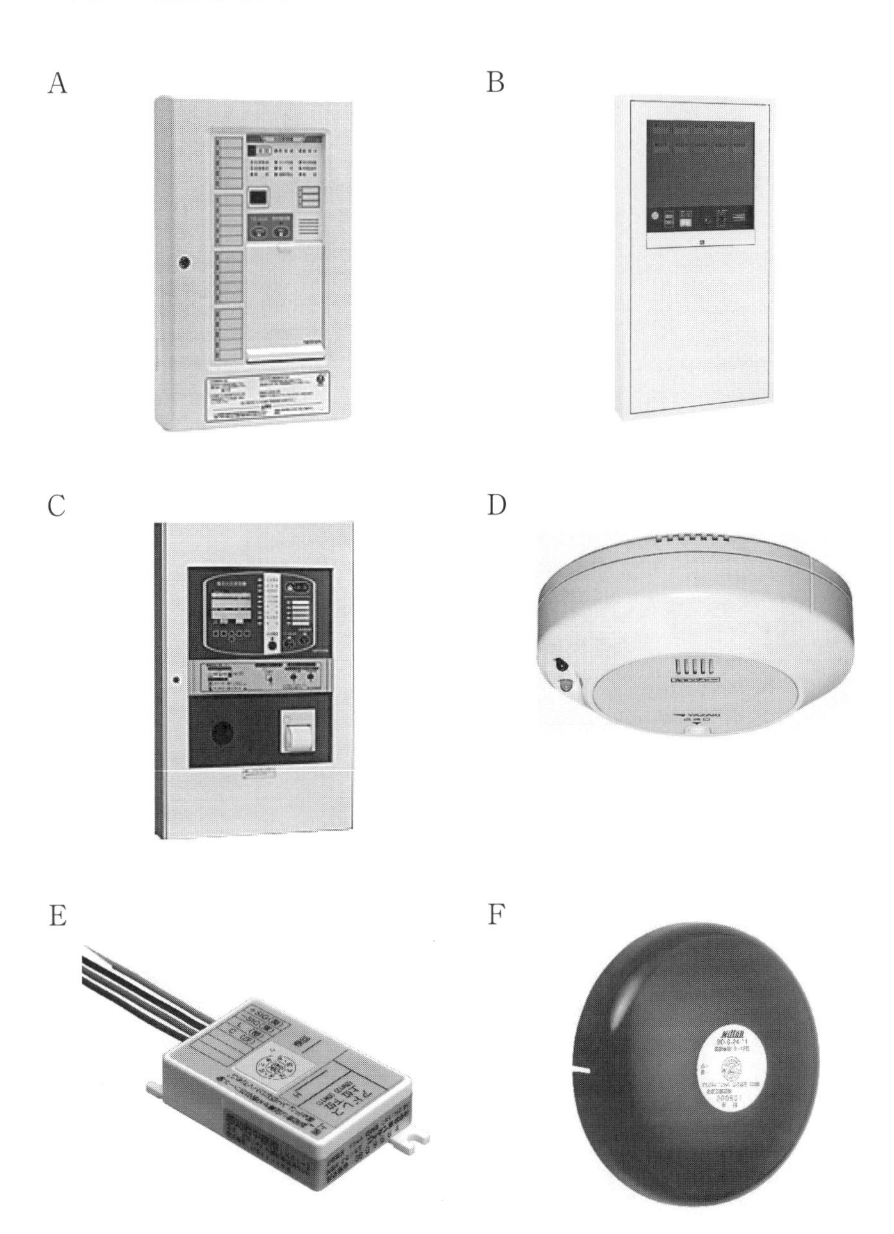

G

H

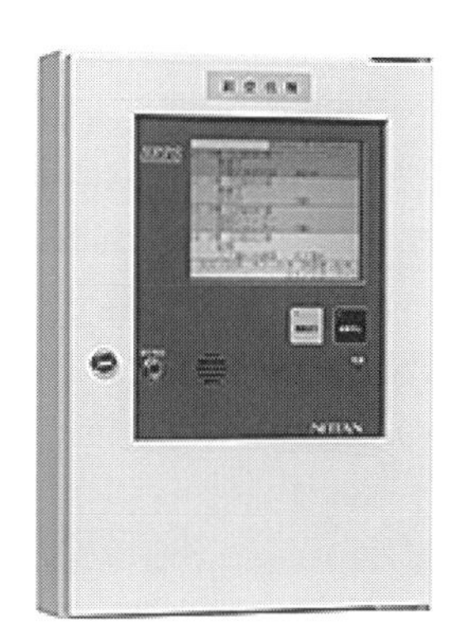

I

解答欄

問題12の解説・解答

<解説>

Ａは P 型１級受信機，Ｂは G 型受信機，Ｃは R 型受信機，Ｄはガス漏れ検知器，Ｅは中継器，Ｆは地区音響装置，Ｇは P 型１級発信機，Ｈは R 型受信機用副受信機，Ｉは定温式スポット型感知器です。

R 型受信機の構成機器は，基本的に P 型１級受信機と同じなので，Ｃ，Ｅ，Ｆ，Ｇ，Ｈ，Ｉの機器が該当することになります。

なお，Ｈの副受信機とは，受信機が設置されている場所以外（守衛室など）でも火災の状況を把握することができる機器で，表示のみ行うことができ，各種試験を行う機能はありません。

解答

C，E，F，G，H，I

【問題13】 下の写真に対する自動火災報知設備の部品について，次の各設問に答えなさい。

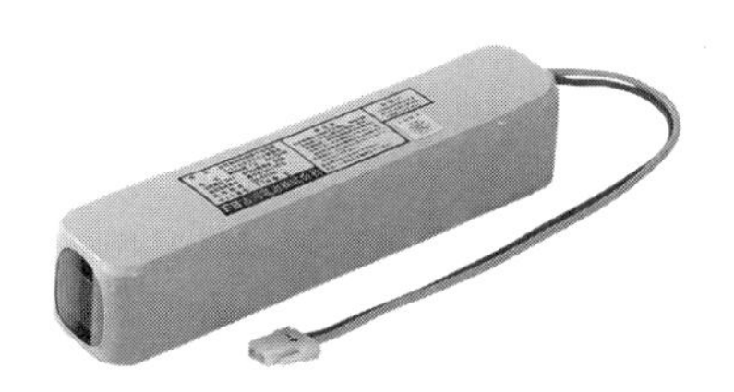

設問 1 この部品の名称を答えなさい。

設問 2 この部品をP型受信機に用いた場合に必要とされる性能について，次の文章の（A）と（B）に当てはまる適切な数値を答えなさい。

「監視状態を（A）分間継続した後，2の警戒区域の回線を作動させることができる作動電流を（B）分間継続して流すことができる容量以上であること。」

設問 3 「この部品には，日本消防検定協会によって消防法で定められた規格を満たしていると認定された受託評価適合品に付す証票が付されているが，その証票は○○マークと呼ばれている。」

この○○に入るアルファベット2文字を答えなさい。

解答欄

<table>
<tr><td>設問 1</td><td colspan="2"></td></tr>
<tr><td rowspan="2">設問 2</td><td>A</td><td></td></tr>
<tr><td>B</td><td></td></tr>
<tr><td>設問 3</td><td colspan="2"></td></tr>
</table>

問題13の解説・解答

<解説>

予備電源の容量については，次のように規定されています。

「監視状態を**60分間**継続したあと，2回線の火災表示と接続されているすべての地区音響装置を同時に鳴動させることのできる消費電流を**10分間**流せること。」

解答

設問1	**予備電源（バッテリー）**	
設問2	A	60
	B	10
設問3	**NS**	

なお，NSマークは次のようになっていますが，3つ位のマークからこれを選ばせる出題があるので，このマークをよく覚えておいて下さい。

第6章

試験器，警報器関係

【問題1】 下の写真は，差動式スポット型感知器（2種）の試験を実施しているところである。次の各設問に答えなさい。

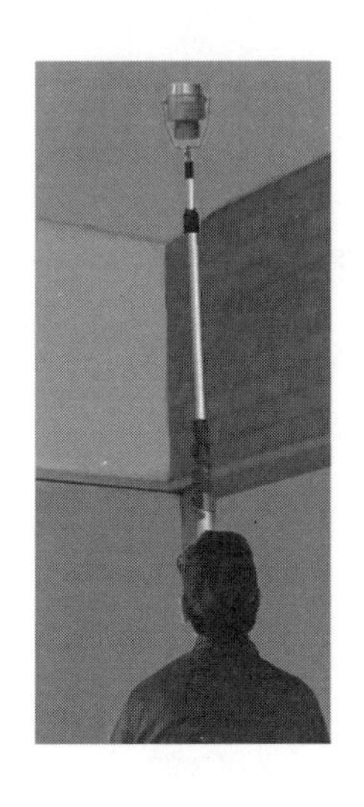

設問1　この試験の名称を答えなさい。

設問2　この感知器の良否の判断基準とする作動時間を答えなさい。

設問3　この点検用器具の校正は，何年ごとに行うこととされているかを答えなさい。

解答欄

設問1	
設問2	
設問3	

問題1の解説・解答

<解説>

設問2　差動式スポット型感知器の作動時間は，下の表より，1種，2種とも，**30秒以内**，となっています。

設問3　P. 155の表より，加熱試験器の校正は，加煙試験器同様，10年ごとに行う必要があります。

解答

設問1	**作動試験**
設問2	**30秒以内**
設問3	**10年**

P. 158の問題と似ているけど，P. 158の試験対象は**煙感知器**なので，間違いないようにネ。

作動時間（単位：秒以内）

感知器＼種別	感知器の種別				試験器
	特種	1種	2種	3種	
①差動式スポット型 補償式スポット型		**30**	**30**		加熱試験器
②定温式スポット型	40	60	120		
③煙感知器の非蓄積式（蓄積式は非蓄積式の時間に公称蓄積時間，および5秒を加えた時間以内であること。）		30	60	90	加煙試験器
④光電式分離型		30	30		減光フィルター

（平成10年消防予第67号問18より。）

【問題 2】 下の写真及び図は，電気室高圧配線上部や可燃性ガス等の滞留により引火のおそれがある場所等，点検が容易に行えない場所に感知器を設置した場合の点検に使用する器具である。次の各設問に答えなさい。

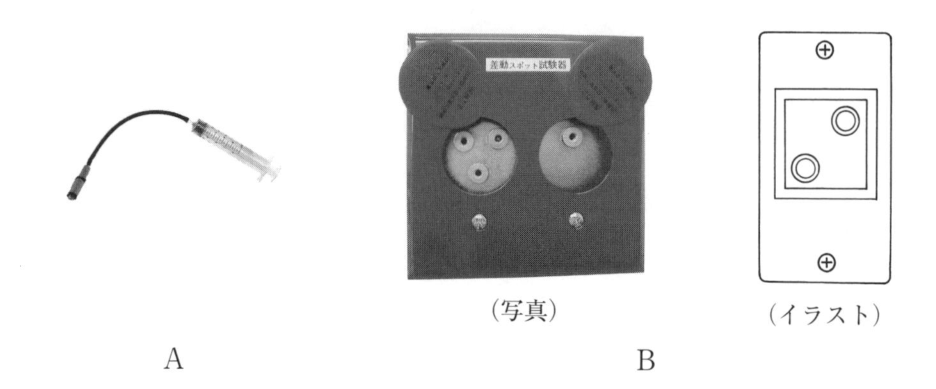

（写真）　（イラスト）

A　　B

設問 1　器具 A，B の名称を答えなさい。

設問 2　この試験器を使用する感知器の名称を答えなさい。

解答欄

<table>
<tr><td rowspan="2">設問 1</td><td>A</td><td></td></tr>
<tr><td>B</td><td></td></tr>
<tr><td>設問 2</td><td colspan="2"></td></tr>
</table>

問題２の解説・解答

＜解説＞

Aはテストポンプで，先端のノズルをBの試験孔に接続して，規定量の空気を送ると，Bと空気管で接続された感知器が作動するのをチェックすることができます。

解答

設問	記号	解答
設問１	A	**テストポンプ（空気注入試験器）**
	B	**差動スポット試験器**
設問２		**差動式スポット型感知器**

この差動スポット試験器と回路試験器（押しボタン）は，少々紛らわしいので，イラストではあるが，回路試験器※を図示しておくので，混同しないようにしてほしい。

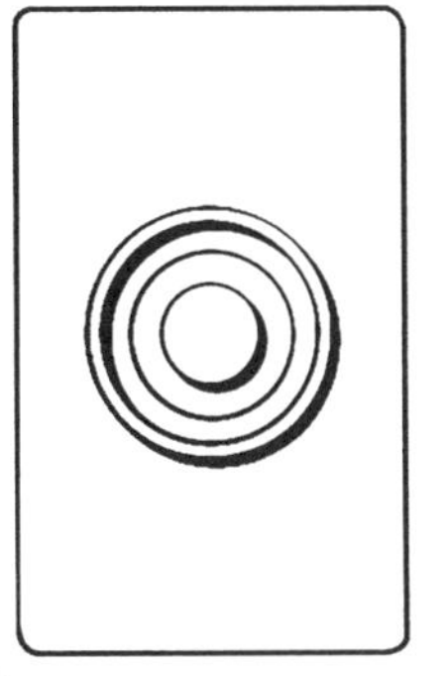

※回路試験器
P型２級受信機回路の導通試験を行うため，末端に設けるもの。

類題 1 問題2の試験器は，差動式スポット型感知器がどういう状況のときに使用するかを答えなさい。

解答欄

類題1の解説・解答

<解説>

電気室高圧配線上部や可燃性ガス等の滞留により引火のおそれがある場所等，点検が容易に行えない場所に感知器を設置した場合に設置します。

解答

感知器を容易に点検できない場所に設置するとき

類題 2 次のA及びBの器具を用いて作動試験を行う感知器の名称を答えなさい。

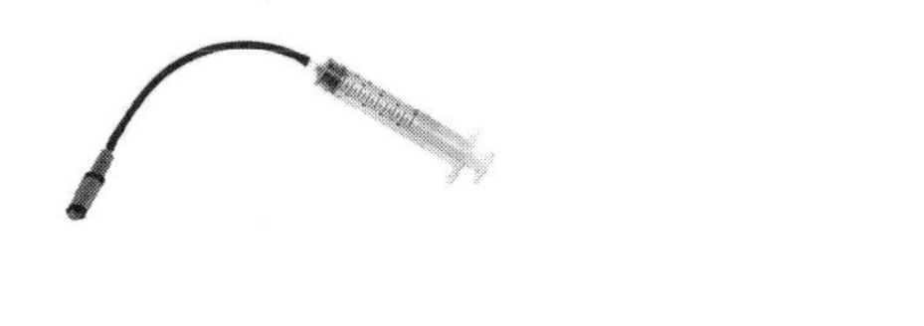

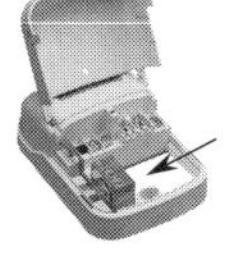

A　　　B

解答欄

類題 2 の解説・解答

<解説>

ＡはテストポンプでＢは差動式分布型感知器（空気管式）の検出部になります。Ａのテストポンプを Ｂの試験孔に接続することにより，差動式分布型（空気管式）の差動試験や流通試験，接点水高試験などを行うことができます。

解答

差動式分布型感知器（空気管式）

【問題3】　下の写真に示す試験器はスイッチの切替えにより，感知器回路の抵抗の測定が可能な試験器である。
　次の各設問に答えなさい。

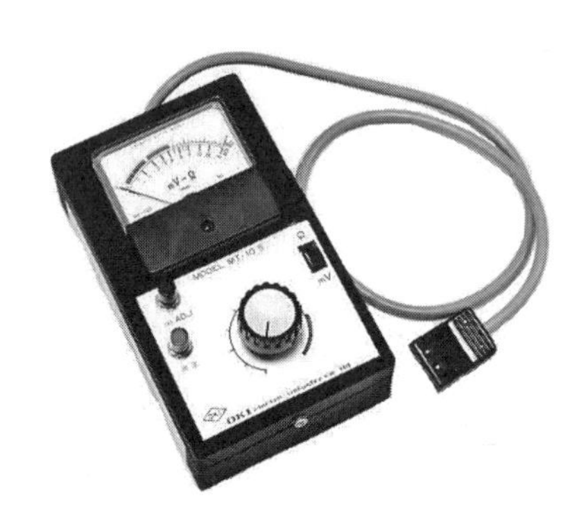

設問1　この試験器の名称を答えなさい。

設問2　この試験器を用いて点検できる感知器の名称を答えなさい。

設問3　この試験器を用いて抵抗値（Ω）を測定する試験の名称を答えなさい。

設問4　この感知器は何が発生してメーターリレーを作動させるか答えなさい。

設問5　この試験器を使用して，感知器の作動電圧に相当する電圧を検出部に印加して行う機器点検の名称を答えなさい。

設問6　この試験器の校正周期を答えなさい。

解答欄

設問1	
設問2	
設問3	
設問4	
設問5	
設問6	

問題 3 の解説・解答

<解説>

設問 3　メーターリレー試験器を用いて実施する試験には，設問 5 の**作動試験**とこの**回路合成抵抗試験**があります。

設問 4　熱電対の温接点と冷接点に温度差が生じることによって発生する**熱起電力**によって作動します。

設問 5　熱電対式の検出部（メーターリレー）に作動電圧に相当する電圧を印加し，感知器が正常に作動するかどうかを確認する**作動試験**を行います。
(印加電圧が検出部に明示されている値の範囲内であるかどうかを確認する)。

なお，各試験器の校正周期については，次のとおりです。

試験器の区分	校正時期
①　加熱試験器	10 年
②　加煙試験器	10 年
③　炎感知器用作動試験器	10 年
④　**メーターリレー試験器**	**5 年**
⑤　減光フィルター	5 年
⑥　外部試験器	5 年
⑦　煙感知器用感度試験器	3 年
⑧　加ガス試験器	3 年

(昭和 62 年 1 月 13 日　消防予第 6 号より)

解答

設問 1	**メーターリレー試験器**
設問 2	**熱電対式の差動式分布型感知器**
設問 3	**回路合成抵抗試験**
設問 4	**熱起電力**
設問 5	**作動試験**
設問 6	**5 年**

【問題 4】 下の写真で示す器具は，自動火災報知設備の点検の際に使用するメーターリレー試験器である。この器具の用途を語群から 2 つ選び記号で答えなさい。

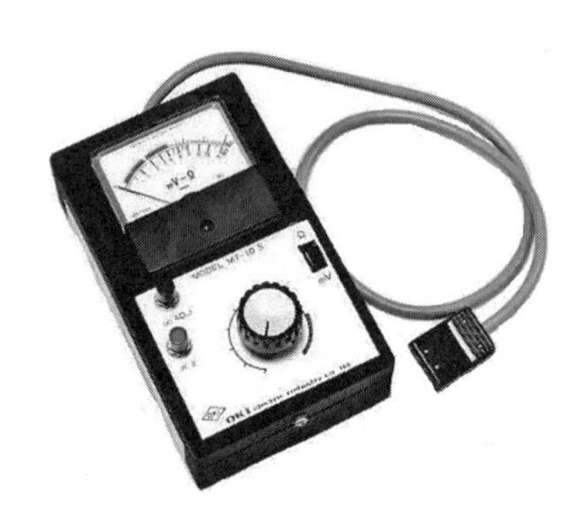

＜語群＞

ア．イオン化式煙感知器の感度測定に用いる。
イ．光電式スポット型感知器の感度試験に用いる。
ウ．空気管式感知器の感度測定に用いる。
エ．熱電対式感知器の火災作動試験に用いる。
オ．熱電対式および熱半導体式感知器の合成抵抗の測定に用いる。
カ．熱半導体式感知器の絶縁抵抗の測定に用いる。
キ．感知線型感知器の火災作動試験に用いる。
ク．光電式分離型感知器の感度測定に用いる。

解答欄

問題 4 の解説・解答

<解説>

前問と同じく，メーターリレー試験器であり，差動式分布型感知器（熱電対式，熱半導体式）の**火災作動試験**や**回路合成抵抗試験**に用いられます。

解答

エ	オ

【問題5】 下の写真は，感知器の試験を行っているところである。
次の各設問に答えなさい。

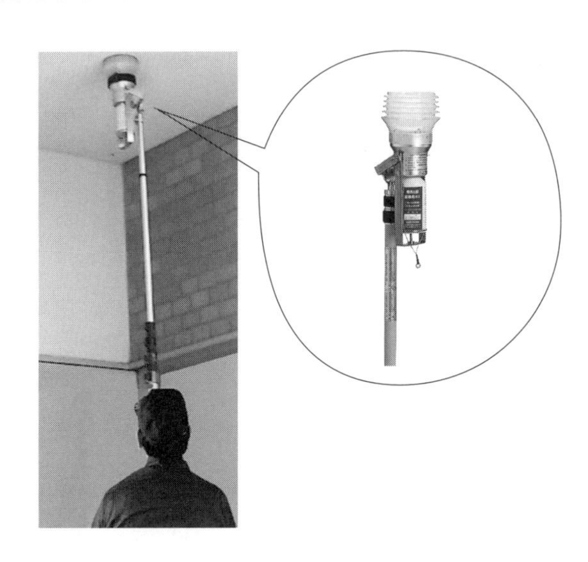

設問1 この試験器の名称を答えなさい。

設問2 この試験器を用いて行う試験の名称を答えなさい。

設問3 設問2の試験を行う際に対象となる感知器を2つ答えなさい。

解答欄

設問1	
設問2	
設問3	

問題5の解説・解答

＜解説＞

本問では，感知器が写っていませんが，たとえば，光電式スポット型感知器に本試験器をあてがっている写真が提示され，「写真に示す感知器以外で，この器具を用いて作動試験を行うことのできる感知器を2つ答えなさい。」という出題であれば，イオン化式スポット型感知器のほか，煙複合式スポット型感知器などを記入すればよいだけです。

解答

設問1	**加煙試験器**
設問2	**作動試験**
設問3	**・イオン化式スポット型感知器・光電式スポット型感知器** （煙感知器の名称を2種類答えればよい）

P. 148にも似たような出題があります。

【問題6】 下の写真のうち，上に示したのは，点検用器具，下の写真A～Fに示したのは感知器である。次の各設問に答えなさい。

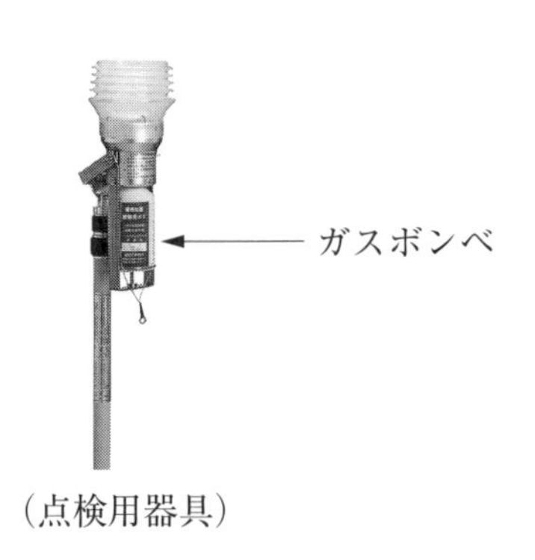

（点検用器具）

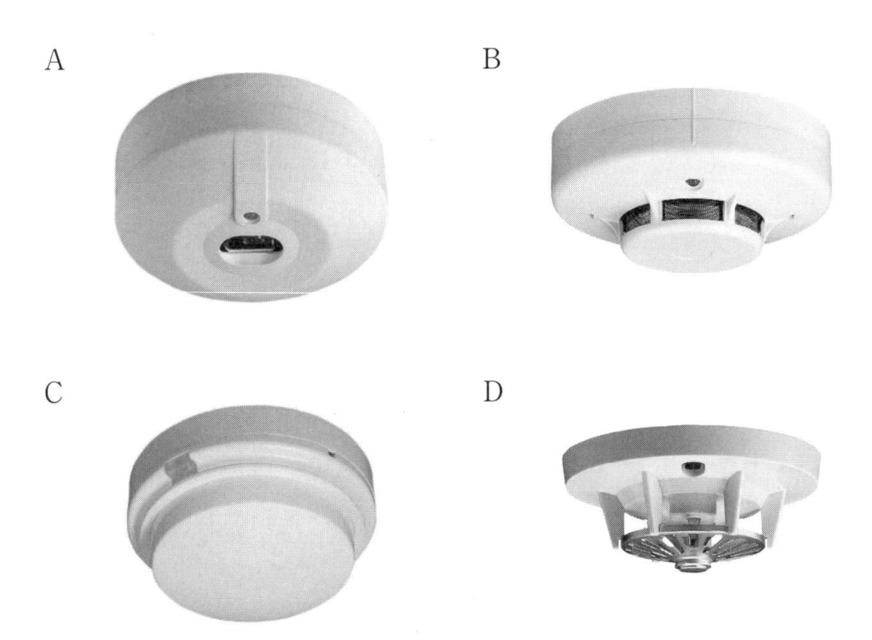

E

F

設問 1　この点検用器具の名称を答えなさい。

設問 2　この点検用器具を用いて点検を行う感知器を，A～F のうちからすべて選び，記号で答えなさい。

設問 3　この点検用器具の校正は，何年ごとに行うこととされているかを答えなさい。

解答欄

設問 1	
設問 2	
設問 3	

問題6の解説・解答

<解説>

設問1 加煙試験器には，専用渦巻線香を用いて実際に煙を発生させるタイプのものもありますが，本問の試験器は，代替ガスをボンベから発生させるタイプのものです。

●加煙試験器の**発煙剤⇒専用渦巻線香**を用いるタイプと**ガス**を用いるタイプがある。

設問2 Aは**炎感知器(紫外線式)**，Bは**光電式スポット型感知器**，Cは**差動式スポット型感知器**，Dは**定温式スポット型感知器**，Eは**イオン化式スポット型感知器**，Fは**差動式スポット型感知器（半導体式）**です。

加煙試験器を使用する感知器は，**煙感知器**なので，Bの光電式スポット型感知器とEのイオン化式スポット型感知器が該当します（注：その他，煙複合式スポット型感知器なども該当します）。

設問3 校正期間については，次のようになっています。

校正期間	試験器の区分
10年	加熱試験器，**加煙試験器**，炎感知器用作動試験器
5年	メーターリレー試験器，減光フィルター，外部試験器※
3年	煙感知器用感度試験器，加ガス試験器

解答

設問1	**加煙試験器**
設問2	**B，E**
設問3	**10年**

※外部試験器（右写真）：室内に入ることなく，室外から遠隔機能対応の感知器を試験するもの。

【問題 7】 下の写真の機器について，次の各設問に答えなさい。

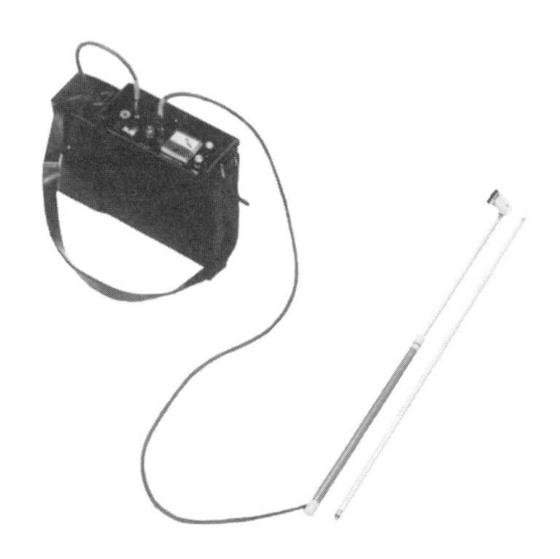

設問 1 この機器の名称を答えなさい。

設問 2 次の文の（ ）に当てはまる語句または数値として，適切なものを記入しなさい。

「この機器は，試験用ガスを注入して（A）の作動試験に用いるもので，点検時に使用するガス濃度は，爆発下限界の（B）分の 1 のものとし，（A）はこの濃度のガスを検知したときは，（C）秒以内に警報を発しなければならない。」

設問 3 この機器の校正期間を答えなさい。

解答欄

設問 1	名称：
設問 2	(A)： (B)： (C)：
設問 3	

問題7の解説・解答

<解説>

加ガス試験器は，試験用ガス（メタンなど）を注入してガス漏れ検知器の作動試験に用いる試験器です。

設問2 中経器を介する場合は，**65秒以内**とすることができます。

設問3 校正期間については，次のようになっています。

校正期間	試験器の区分
10年	加熱試験器，加煙試験器，炎感知器用作動試験器
5年	メーターリレー試験器，減光フィルター，外部試験器
3年	煙感知器用感度試験器，**加ガス試験器**

解答

設問1	**名称：加ガス試験器**
設問2	(A)：**ガス漏れ検知器** (B)：**4** (C)：**60**
設問3	**3年**

校正周期については，比較的よく出題されているので，注意が必要だよ。

【問題８】 次の写真は，煙感知器の点検用機器である。名称を答えなさい。

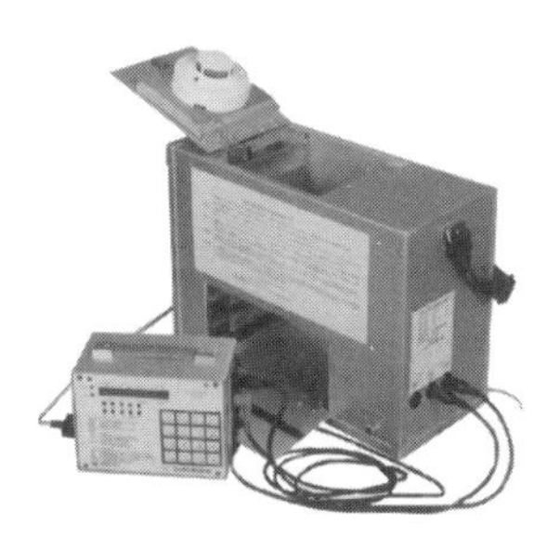

解答欄

問題８の解説・解答

<解説>

煙感知器用感度試験器は，スポット型の煙感知器の感度試験に用いるもので，写真のものは実際に煙を発生するタイプのものです。

解答

煙感知器用感度試験器

【問題 9】 下の写真 A～D について，次の各設問に答えなさい。

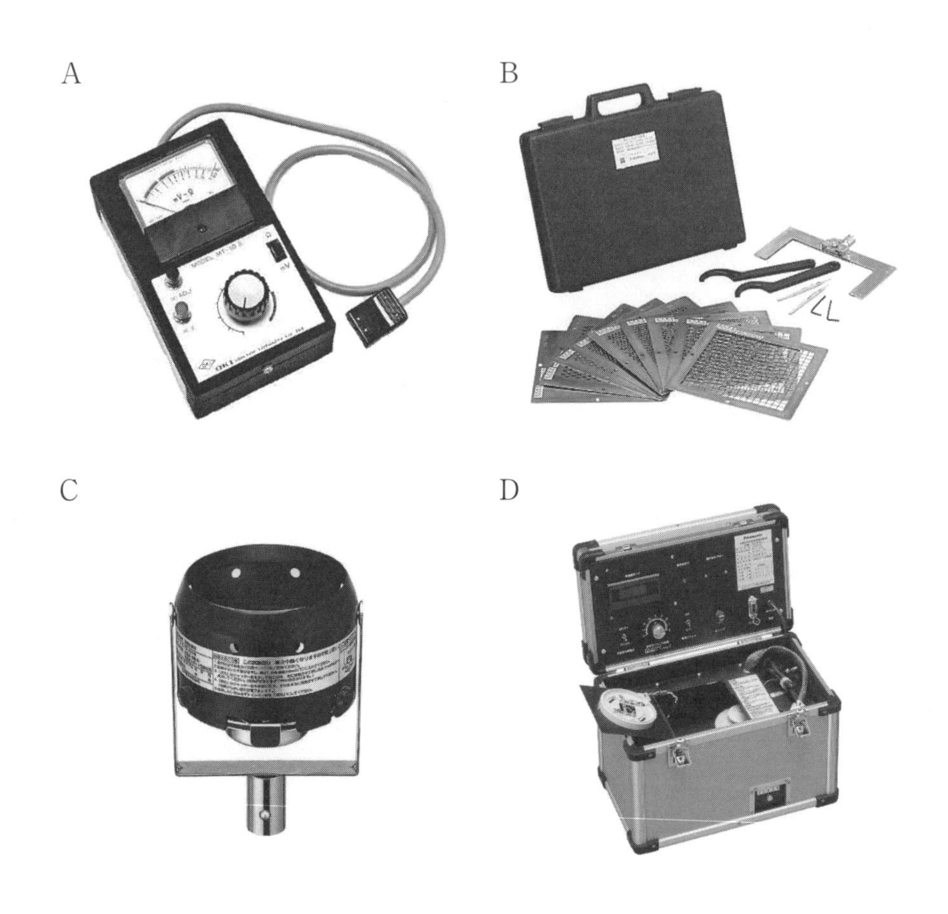

設問 1　これらの試験器又は器具を使用して試験を行う感知器の名称をそれぞれ 1 つ答えなさい。

設問 2　これらの試験器又は器具の校正期間を答えなさい。

解答欄

	設問 1	設問 2
A	感知器	年
B	感知器	年
C	感知器	年
D	感知器	年

問題 9 の解説・解答

<解説>

設問 1　A は**メーターリレー試験器**なので，**差動式分布型感知器（熱電対式）**の作動試験や回路合成抵抗試験に用います。

B は，**減光フィルター**なので，**光電式分離型感知器**の作動試験に用います。

C は，**加熱試験器**なので，**差動式スポット型感知器**や**定温式スポット型感知器**，補償式スポット型感知器などの熱感知器の作動試験に用います。

D は，**煙感知器用感度試験器**なので，**光電式スポット型感知器**や**イオン化式スポット型感知器**などのスポット型の煙感知器の感度試験に用います。

設問 2　P. 164 の表を参照。

解答

	設問 1	設問 2
A	**差動式分布型**感知器（**熱電対式**）	5 年
B	**光電式分離型**感知器	5 年
C	**差動式スポット型**感知器	10 年
D	**光電式スポット型**感知器	3 年

【問題10】　下の写真は，自動火災報知設備，ガス漏れ火災警報設備の点検に使用する絶縁抵抗計である。次の各設問に答えなさい。

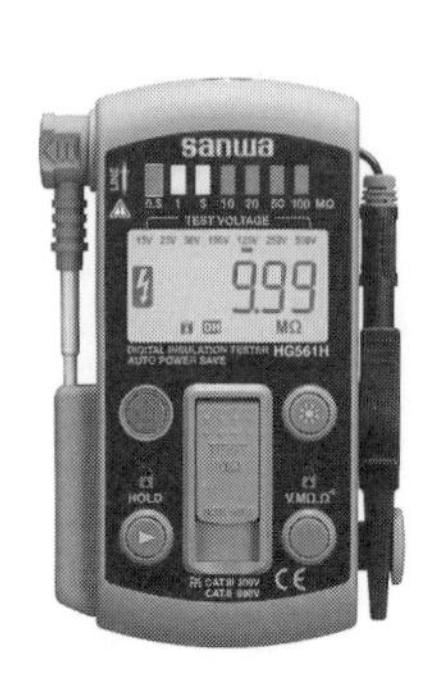

設問1　自動火災報知設備の電源回路と大地間を測定する際に使用する，絶縁抵抗計の定格測定電圧を答えなさい（直流，交流の別も答えること）。

設問2　ガス漏れ火災警報設備の電源回路と大地間を測定する際に使用する，絶縁抵抗計の定格測定電圧を答えなさい。

設問3　電源回路の対地電圧が110Vの場合の電路と大地間，および配線相互間の絶縁抵抗値は何MΩ以上なければならないかを答えなさい。

解答欄

設問1	
設問2	
設問3	

問題10の解説・解答

<解説>

設問１，２ 電源回路と大地間および配線相互間の絶縁抵抗値については，絶縁抵抗計を用いて測定しますが，その際に使用する絶縁抵抗計の定格測定電圧は，自動火災報知設備が**直流 250V**，ガス漏れ火災警報設備が**直流 500V**のものを使用する必要があります（P. 169 の表の①参照）。

設問３ 電路と大地間，および配線相互間の絶縁抵抗値は，同じく P. 169 の表①より，次のようになっています。

① 対地電圧が 150 V 以下の場合
　0.1 MΩ 以上

② 対地電圧が 150 V を超え 300 V 以下の場合
　0.2 MΩ 以上

③ 対地電圧が 300 V を超える場合
　0.4 MΩ 以上

従って，対地電圧が 110 V の場合は①の対地電圧が 150 V 以下の場合に該当するので，0.1 MΩ 以上必要，ということになります。

解答

設問	解答
設問 1	**直流 250V**
設問 2	**直流 500V**
設問 3	**0.1 MΩ**

【問題11】 下の写真は，自動火災報知設備やガス漏れ火災警報設備等の点検に用いる絶縁抵抗計である。次の各設問に答えなさい。

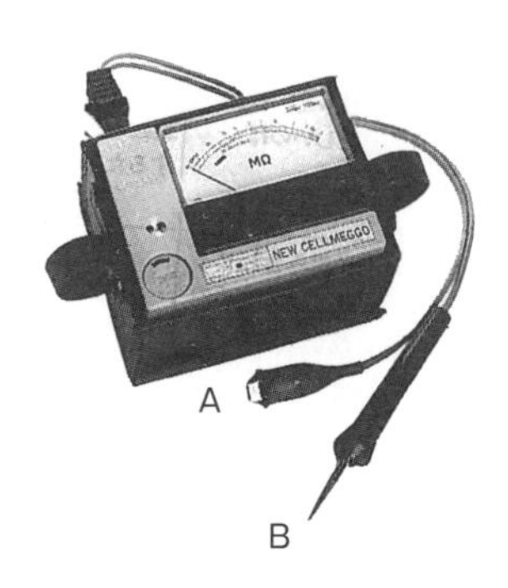

設問1 自動火災報知設備の電源回路と大地との間の定格測定電圧を答えなさい。

設問2 ガス漏れ火災警報設備の電源回路と大地との間の定格測定電圧を答えなさい。

設問3 Aの端子を接続する箇所を答えなさい。

解答欄

設問1	
設問2	
設問3	

問題11の解説・解答

<解説>

写真は**絶縁抵抗試験**に用いるメガで，定格測定電圧については，電源回路，感知器回路が**直流250V**，ガス漏れ火災警報設備の電源回路，発信機，感知器，受信機が直流**500V**となっています。

解答

設問1	**直流250V**（P. 175の表の①を参照）
設問2	**直流500V**（P. 175の表の①を参照）
設問3	**接地端子**

類題 問題 11 の絶縁抵抗計を用いて下の表に示す機器の法で定められた部分の絶縁抵抗を測定する場合，技術上の基準に定められた測定値（A）～（C）を記入しなさい。

	絶縁抵抗計	絶縁抵抗
発信機	直流 500 V	（A） MΩ 以上
感知器	〃	（B） MΩ 以上
受信機	〃	（C） MΩ 以上

類題の解説・解答

<解説>

法で定められた部分とは，発信機の場合，「発信機の端子間および充電部と金属製外箱間」，感知器の場合，「感知器の端子間および充電部と金属製外箱間」，受信機の場合，「受信機の充電部と金属製外箱および電源変圧器の線路相互間」になります。

その絶縁抵抗値は次のようになっています（P. 175，表の②，③，④より）。

	絶縁抵抗計	絶縁抵抗
発信機	直流 500 V	20 MΩ 以上
感知器		50 MΩ 以上
受信機		5 MΩ 以上

解答

（A）	20
（B）	50
（C）	5

【問題12】 次の文は，自動火災報知設備の感知器回路及び付属装置回路の絶縁抵抗試験を行う場合の注意事項について述べたものである。

文中の（A）～（D）に当てはまる語句を下の語群から選び，記号で答えなさい。

> 回路の（A）の絶縁抵抗を測定する場合は，受信機，中継器，煙感知器，（B）等を取り外して測定する。
>
> 自動火災報知設備には，（C）を使用した機器が多い。したがって，絶縁抵抗を測定する場合，これらの機器に直接（D）の電圧がかからないように注意する必要がある。

<語群>

ア．線間	カ．感知器回路
イ．大地間	キ．IC 回路
ウ．差動式スポット型感知器	ク．付属機器回路
エ．導通試験器	ケ．受信機
オ．終端器	コ．絶縁抵抗計

解答欄

(A)	(B)	(C)	(D)

問題12の解説・解答

＜解説＞

正解は，次のようになります。

「回路の**（線間）**の絶縁抵抗を測定する場合は，受信機，中継器，煙感知器**（終端器）**等を取り外して測定する。

自動火災報知設備には，**（IC回路）**を使用した機器が多い。したがって，絶縁抵抗を測定する場合，これらの機器に直接**（絶縁抵抗計）**の電圧がかからないように注意する必要がある。」

解答

(A)	(B)	(C)	(D)
ア	オ	キ	コ

感知器回路の配線において，線間の絶縁抵抗を測定する場合，絶縁抵抗計からの大きな電圧が加わっても機器内のIC回路などが損傷しないよう，基本的には接続されている負荷は全て取り外します。ただし，感知器でも差動式スポット型感知器の場合は，内部にそのような機器を使用していないので，接続したままでも支障はありません。また，終端器を接続したままでは正確な線間の絶縁抵抗を計測できないので（絶縁抵抗値が小さくなる），外しておきます。

【問題13】 下の図は，自動火災報知設備の総合点検において，受信機の端子盤を測定し，抵抗試験を行っているところを示したものである。次の各設問に答えなさい。

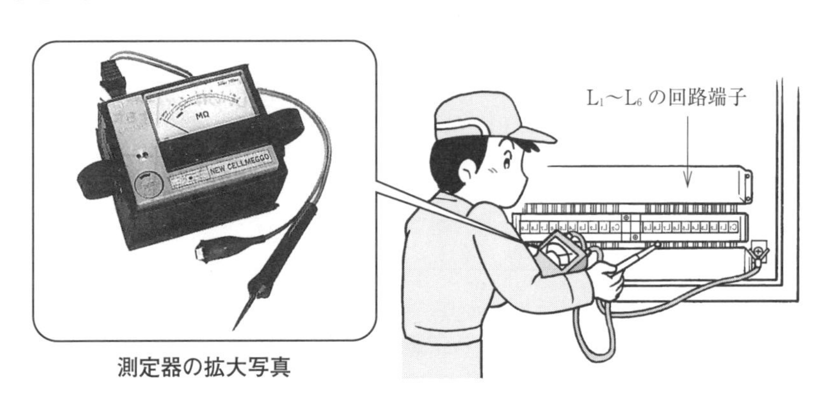

測定器の拡大写真

設問1 測定器の名称を答えるとともに，この測定器は，直流，または交流「何ボルト」のものを使用したらよいか，下記の語群から選び記号で答えなさい。

<語群>

ア．直流 250 V　　ウ．直流 500 V
イ．交流 250 V　　エ．交流 500 V

設問2 一つの警戒区域回路ごとの大地との間に必要な絶縁抵抗値を答えなさい。

設問3 共通線C1の測定結果が0.001 MΩであった。このことについて，どのような問題が考えられるかを次のうちから選択しなさい。

ア．C1回路の絶縁不良

イ．L1回路の短絡

ウ．L1～L6回路の絶縁不良

エ．測定結果が0.001 MΩであることについては，特に問題はない。

解答欄

設問1	
設問2	
設問3	

問題13の解説・解答

＜解説＞

設問 1，設問 2　各絶縁抵抗値をまとめると，次のようになります。

<table>
<tr><th colspan="2"></th><th>絶縁抵抗計</th><th>絶縁抵抗</th></tr>
<tr><td rowspan="2">①
配線</td><td>1．電源回路</td><td>直流 250 V
（注：ガス漏れは直流 500 V）</td><td>150 V 以下の場合　：0.1 MΩ 以上
150 V を超え 300 V 以下：0.2 MΩ 以上
300 V を超える場合　：0.4 MΩ 以上</td></tr>
<tr><td>2．感知器回路</td><td>直流 250 V</td><td>1 警戒区域ごとに 0.1 MΩ 以上</td></tr>
<tr><td colspan="2">②　発信機</td><td rowspan="3">直流 500 V</td><td>20 MΩ 以上</td></tr>
<tr><td colspan="2">③　感知器</td><td>50 MΩ 以上</td></tr>
<tr><td colspan="2">④　受信機</td><td>5 MΩ 以上</td></tr>
</table>

本問の場合，感知器回路に該当するので，①の 2 に該当し，**直流 250 V** の絶縁抵抗計を用いて測定※し，1 警戒区域ごとに 0.1 MΩ 以上の絶縁抵抗が必要になります。

（注：**接地抵抗計**の方は**交流**を印加して測定する）

なお，問題 11 の［類題（P. 171）］は，表の②～④の方の値であり，①の感知器回路と混同しないようにしてください。

（※メガの測定ボタンを押すと直流 250 V が印加される）

設問 2　①の 2 より，感知器回路は，0.1 MΩ 以上になります。

設問 3　回路と大地間の絶縁抵抗は，**0.1 MΩ 以上**必要なので，C 1 の 0.001 MΩ は，C 1 回路の絶縁不良ということになります。

なお，「測定結果が 10 kΩ である場合，その良否を答えよ」という出題例もありますが，10 kΩ は 10×10^{-3} MΩ＝10×0.001 MΩ＝0.01 MΩ となるので，0.1 MΩ より小さく，同じく絶縁不良ということになります。

解答

設問 1	**絶縁抵抗計** **ア**
設問 2	**0.1 MΩ 以上**
設問 3	**ア**

【問題14】　次の試験器について，次の各設問に答えなさい。

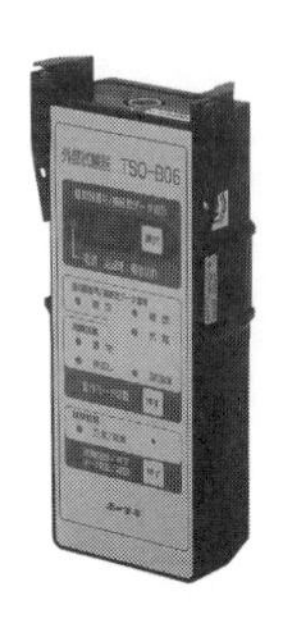

設問1　この試験器の名称を答えなさい。

設問2　この試験器について，次の文章の（A），（B）に当てはまる語句を答えなさい。

「この試験器は，共同住宅など，（A）困難な場所で（B）機能付感知器等の点検を行う際に使用する」

設問3　この試験器の校正期間を答えなさい。

解答欄

<table>
<tr><td>設問1</td><td colspan="2"></td></tr>
<tr><td rowspan="2">設問2</td><td>A</td><td></td></tr>
<tr><td>B</td><td></td></tr>
<tr><td>設問3</td><td colspan="2"></td></tr>
</table>

問題14の解説・解答

解答

<table>
<tr><td>設問1</td><td colspan="2">外部試験器</td></tr>
<tr><td rowspan="2">設問2</td><td>A</td><td>入室</td></tr>
<tr><td>B</td><td>遠隔試験</td></tr>
<tr><td>設問3</td><td colspan="2">5年（P. 164の表を参照）</td></tr>
</table>

【問題15】 下の写真は，自動火災報知設備の地区音響装置の作動試験に用いる測定器を示したものである。次の各設問に答えなさい。

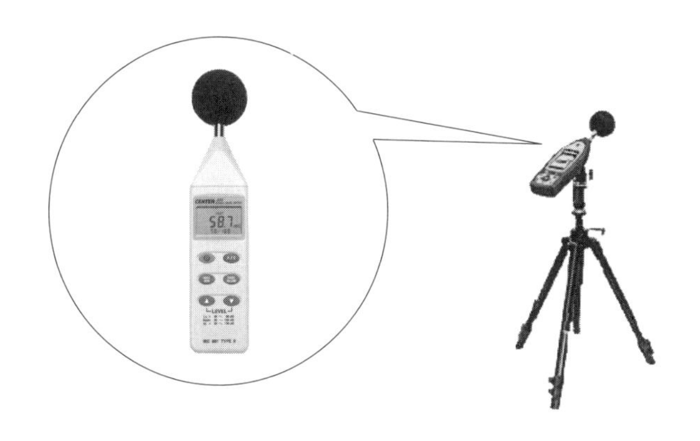

設問 1 この測定器の名称を答えなさい。

設問 2 この試験で地区音響装置の取り付けられた位置の中心から前面 1 m 離れた位置において必要とされている音圧について，①音声により警報を発するもの，②廊下や通路に設置されている音響装置を測定したときのもの，③ガス漏れ火災報知設備の検知区域警報装置を測定したときのもの，のそれぞれの音圧について答えなさい。

設問 3 この測定器は「ある装置」の取り付けられた位置の中心から前面 1 m 離れた場所で点検を実施する。この「ある装置」の名称を答えなさい。

設問 4 この測定器の測定用特性レンジはどれを使用するか，下記のレンジ名から記号で答えなさい。

ア　A 特性　　イ　C 特性　　ウ　平たん（F）特性

解答欄

<table>
<tr><td>設問 1</td><td colspan="3"></td></tr>
<tr><td rowspan="2">設問 2</td><td>音声により警報を発するもの</td><td>廊下や通路に設置されている音響装置を測定したとき</td><td>ガス漏れ火災報知設備の検知区域警報装置を測定したときのもの</td></tr>
<tr><td>dB 以上</td><td>dB 以上</td><td>dB 以上</td></tr>
<tr><td>設問 3</td><td colspan="3"></td></tr>
<tr><td>設問 4</td><td colspan="3"></td></tr>
</table>

問題15の解説・解答

＜解説＞

設問 2 ですが，その他，主音響装置の場合は **85 dB 以上**必要です。

解答

<table>
<tr><td>設問 1</td><td colspan="3">騒音計</td></tr>
<tr><td rowspan="2">設問 2</td><td>音声により警報を発するもの</td><td>廊下や通路に設置されている音響装置を測定したとき</td><td>ガス漏れ火災報知設備の検知区域警報装置を測定したときのもの</td></tr>
<tr><td>92 dB 以上</td><td>90 dB 以上</td><td>70 dB 以上</td></tr>
<tr><td>設問 3</td><td colspan="3">主音響装置や地区音響装置などの音響装置</td></tr>
<tr><td>設問 4</td><td colspan="3">ア</td></tr>
</table>

【類題】 問題 15 の測定器でガス漏れ火災警報設備の機能試験において検知区域警報装置の音圧を測定するとき，次の各設問に答えなさい。

設問 1 この試験に用いている測定器の名称を答えなさい。

設問 2 この試験は，検知区域警報装置の中心から何メートル離れた位置で，何 dB 以上の音圧であることを確認することとされているか答えなさい。

解答欄

<table>
<tr><td>設問 1</td><td colspan="2"></td></tr>
<tr><td rowspan="2">設問 2</td><td>中心からの距離</td><td>m</td></tr>
<tr><td>音圧</td><td>dB 以上</td></tr>
</table>

類題の解説・解答

＜解説＞

設問 2 は，問題 4 の設問 2 を参照

解答

<table>
<tr><td>設問 1</td><td colspan="2">騒音計</td></tr>
<tr><td rowspan="2">設問 2</td><td>中心からの距離</td><td>1 m</td></tr>
<tr><td>音圧</td><td>70 dB 以上</td></tr>
</table>

ひと休み
ひと休み

第7章

配　線

【問題1】 下の図は,自動火災報知設備の受信機から地区音響装置間の配線図である。

次の各設問に答えなさい。

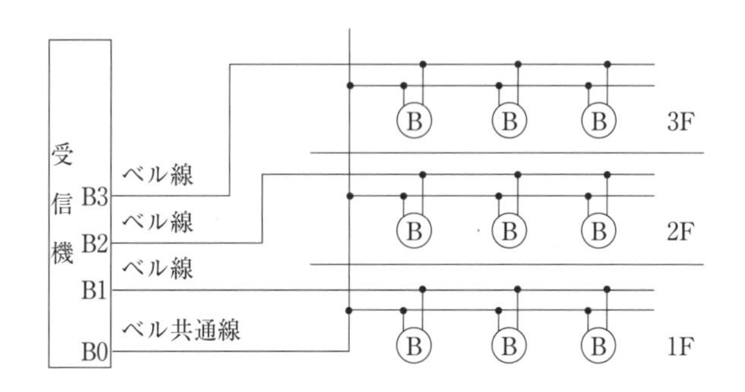

設問1 この鳴動方式を答えなさい。

設問2 法令基準で定められている地区音響装置に使用できる電線の種類を答えなさい。

解答欄

設問1	
設問2	

問題1の解説・解答

<解説>

設問1　このⒷへの配線をよく見ると，各警戒区域には，図で言うと下にベル共通線が接続されており，上には固有のベル線が接続されています。

従って，一斉鳴動方式ではなく**区分鳴動方式**になります。

設問2　電線は原則として600 V ビニル絶縁電線（IV 線）を用いますが，地区音響装置などには**600 V 2種ビニル絶縁電線（HIV 線）または，これと同等以上の耐熱性を有する電線**を用います。

解答

設問1	**区分鳴動方式**
設問2	**600 V 2種ビニル絶縁電線（HIV 線）または，これと同等以上の耐熱性を有する電線**

【問題2】 下の図は，感知器の配線方法を示したものである。このうち，「送り配線」になっているものを2つ選び記号で答えなさい。

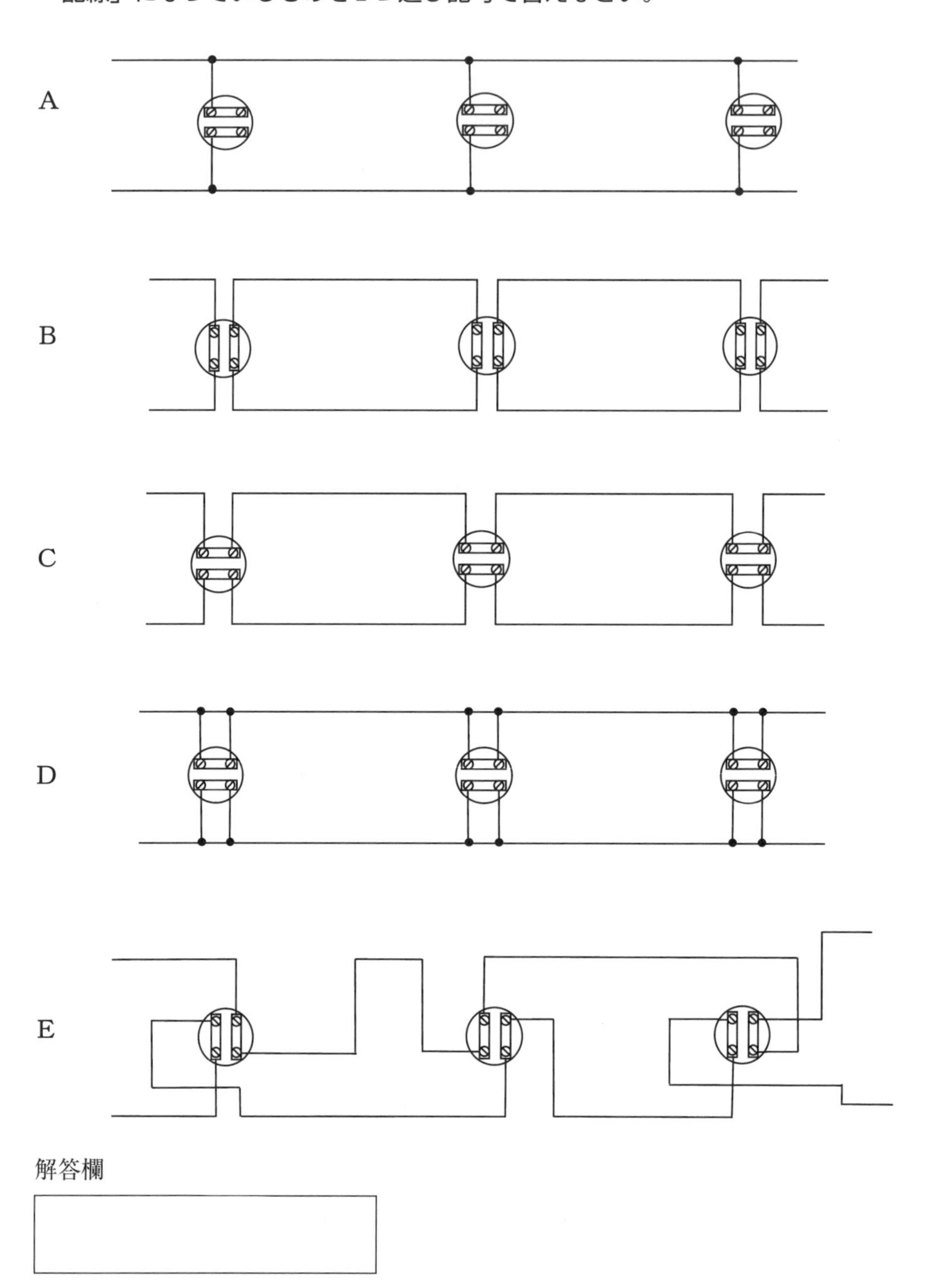

解答欄

問題2の解説・解答

<解説>

送り配線というのは，感知器の配線を数珠つなぎにして回路の末端にある発信機や終端抵抗まで接続する配線方法で，こうすることによって，感知器回路の配線が1個所でも断線した場合，2級なら発信機を押すことにより，また，1級なら受信機の回路導通試験装置のスイッチを入れることにより，導通を確認することができます（次頁へ解説続く）。

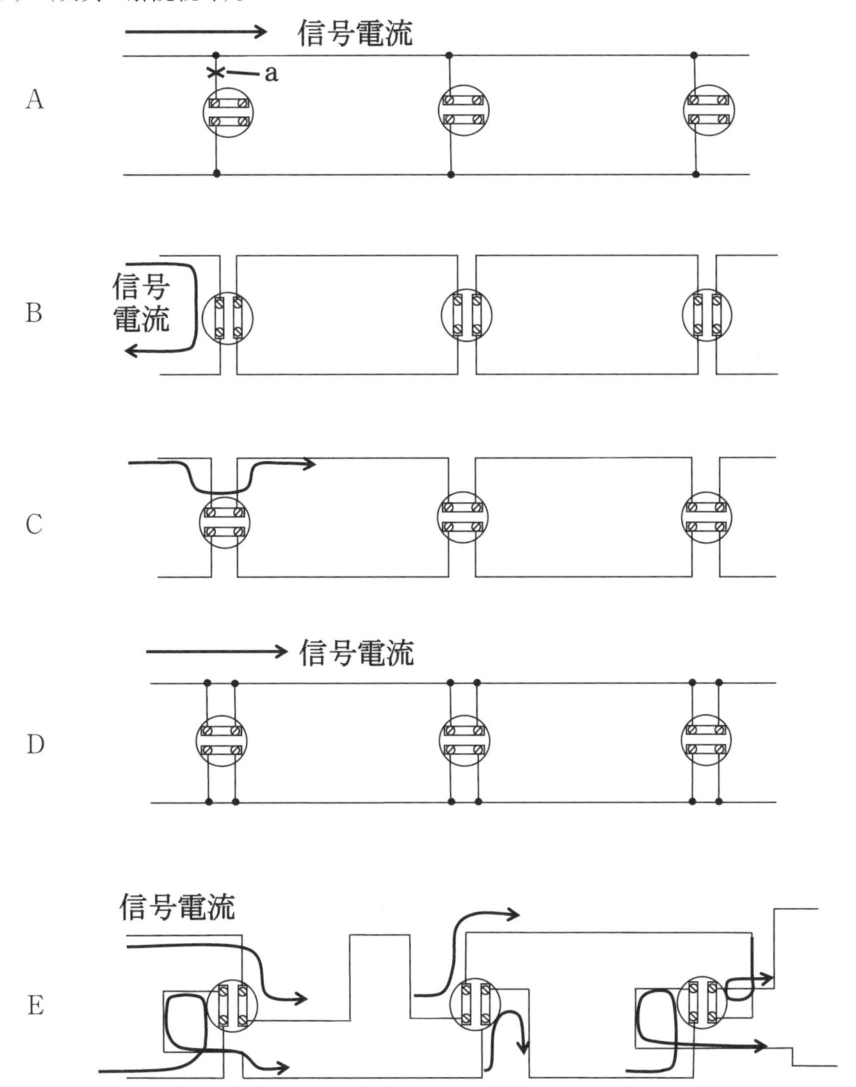

A：図の配線は，配線が同じ端子に接続されているブランチ配線と呼ばれる配線方法で，送り配線とはなっていないので，図のａ点で断線が発生しても回路の末端まで試験電流が流れ，断線を検出することができません。

B：配線が感知器内の端子によって短絡されていて，図のような電流が流れ，送り配線になっていないので，誤りです。

C：配線が感知器の端子に正常に接続されており，送り配線となっているので，正しい。

D：これもＡと同じくブランチ配線で，Ａの感知器への配線を２本にしただけです。

E：一見，非常に複雑な配線に見えますが，よく見ると，Ｃの配線と同じ電流の流れになり，送り配線となっているので，正しい。

解答

C，E

【問題 3】 次の図は，自動火災報知設備における感知器回路の系統図である。終端抵抗の位置を下記凡例の記号を用いて図中に記入しなさい。なお，受信機から機器収容箱間の配線本数は省略した。

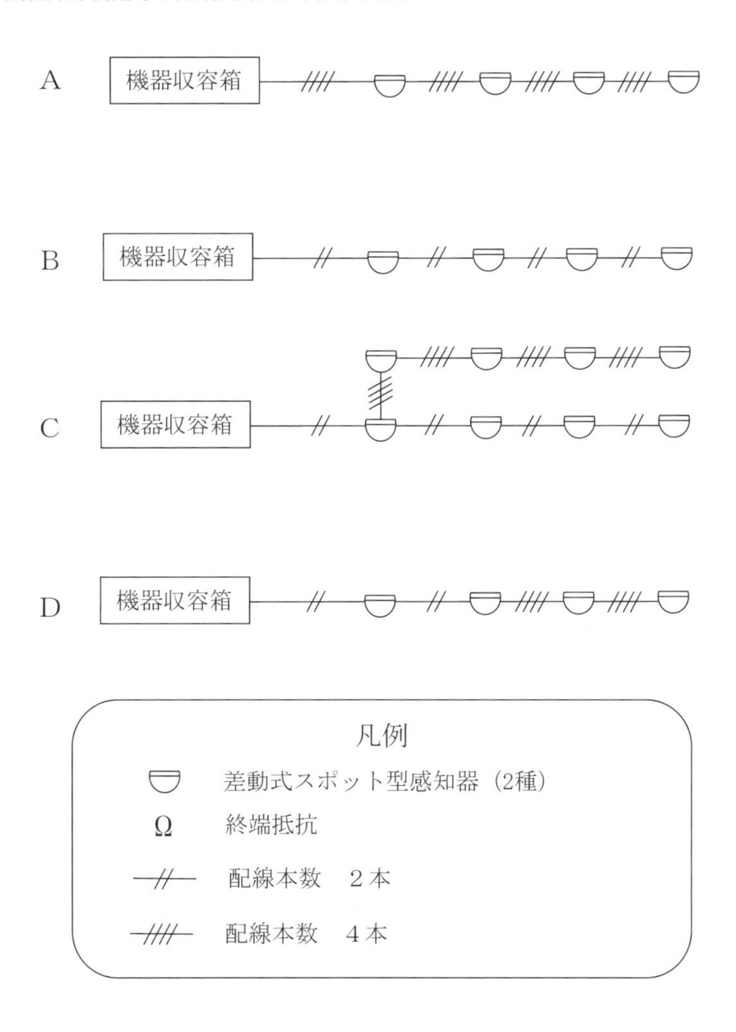

問題3の解説・解答

＜解説＞

感知器回路の配線は，容易に導通を確認できるよう，**送り配線**とする必要がありますが，回路の末端には，P型1級の場合は終端器（**終端抵抗**），P型2級の場合は**発信機**（または**回路試験器**）を接続します。

本問では，回路の末端に終端抵抗を接続するということなので，順に確認していきます。

A 配線がすべて4本線なので，右端の感知器は末端にはならず，下図のように，機器収容箱から出て行って機器収容箱に戻る，というような配線になります。従って，機器収容箱内の発信機に終端抵抗を設けます。

B この配線は，すべて2本線なので，右端の感知器に設けます。

C 下図のaからbが4本線なので，aからbを往復させる必要があります。
　よって，bは末端にはならず，右端のcが末端になるので，Cの感知器に終端抵抗を設けます。

D 右端の感知器と，その2つ左の感知器（d）間が4本線なので，右端に進んだ信号はその2つ左の感知器，dまで戻ってくるので，そのdに終端抵抗を設けます。

解答

A
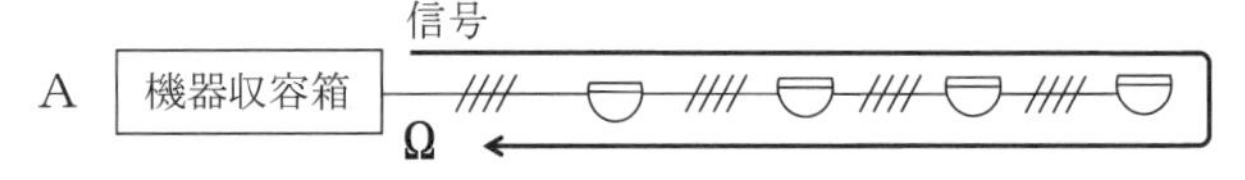

B
C
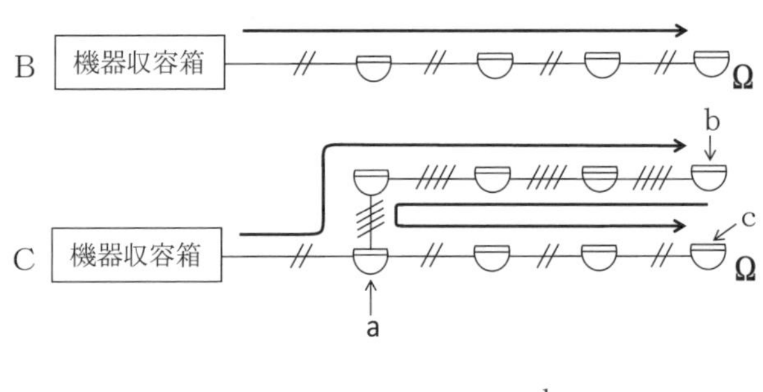

D
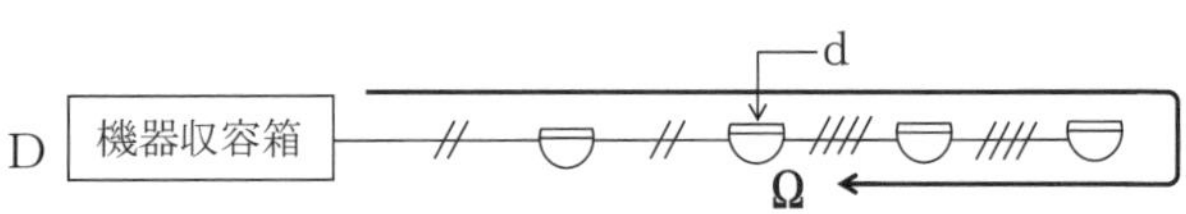

（注：a，b，c，dの記号は解説の際に必要なので付してあるだけであり，解答とは関係ありません）

【問題 4】 下の図は，感知器の信号回路の接続を示したものである。
次の各設問に答えなさい。

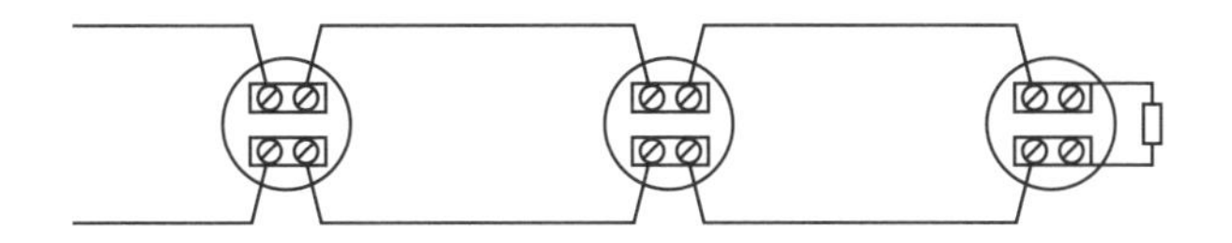

設問 1　配線の結線方法の名称を答え，また，そのような配線とする理由も答えなさい。

設問 2　回路の末端に終端抵抗が接続されている目的を答えなさい。

解答欄

設問 1	名称： 理由：
設問 2	

問題 4 の解説・解答

解答

設問 1	名称：**送り配線** 理由：**容易に導通試験を行えるようにするため**
設問 2	**容易に導通試験を行えるようにするため**

類題 問題4の回路において，送り配線としなかった場合における不具合について答えなさい。

解答欄

類題の解説・解答

<解説>

送り配線は，感知器回路を数珠つなぎに配線することで断線を検出できるようにした配線方法で，下のaのように枝出し配線やbのような並列配線をすると接続部分以降（図bは上の配線）で断線が生じても検出することが出来ません。

解答

> **断線が生じても検出することができない。**

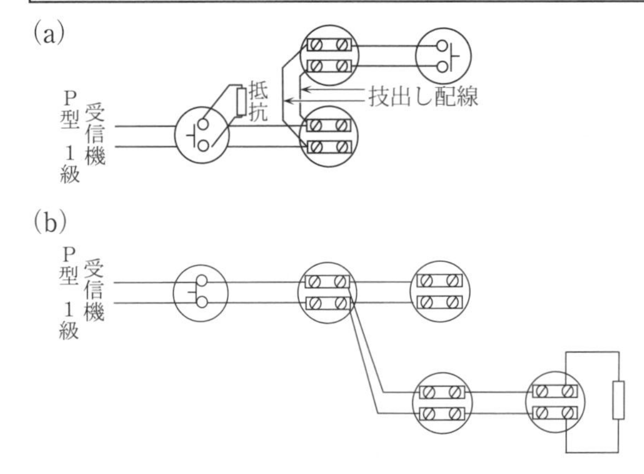

【問題５】 次の図は，自動火災報知設備における感知器回路にＰ型１級発信機を接続した系統の概略図である。受信機とＰ型１級発信機間の矢印Ａ，Ｂで示す各２本の線の名称を答えなさい。

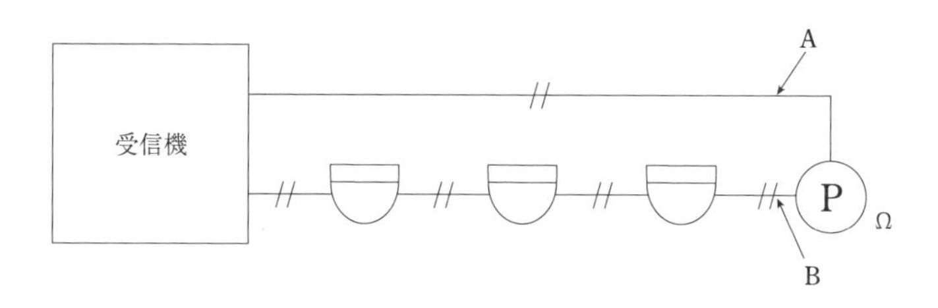

解答欄

A	
B	

問題５の解説・解答

<解説>

Ｐ型受信機の場合，感知器への配線は，各警戒区域ごとに**表示線**と**共通線**（７警戒区域まで共有できる）の２本が必要になるので，図のＢの線は，表示線と共通線ということになります。

また，発信機がＰ型１級なので，受信機もＰ型１級となり，回路の末端に終端器を設ける必要がありますが，発信機が末端の場合は，その発信機に終端器を設けます。

その発信機ですが，１級の場合，受信機との間に電話連絡と確認応答の機能が必要となるので，図のＡの線は，**電話線（電話連絡線）**と**応答線（確認応答線）**ということになります。

解答

A	**電話線（電話連絡線）**
	応答線（確認応答線）
B	**表示線**
	共通線

【問題6】 次の図は，自動火災報知設備の配線の状況を示したものである。次の各設問に答えなさい。

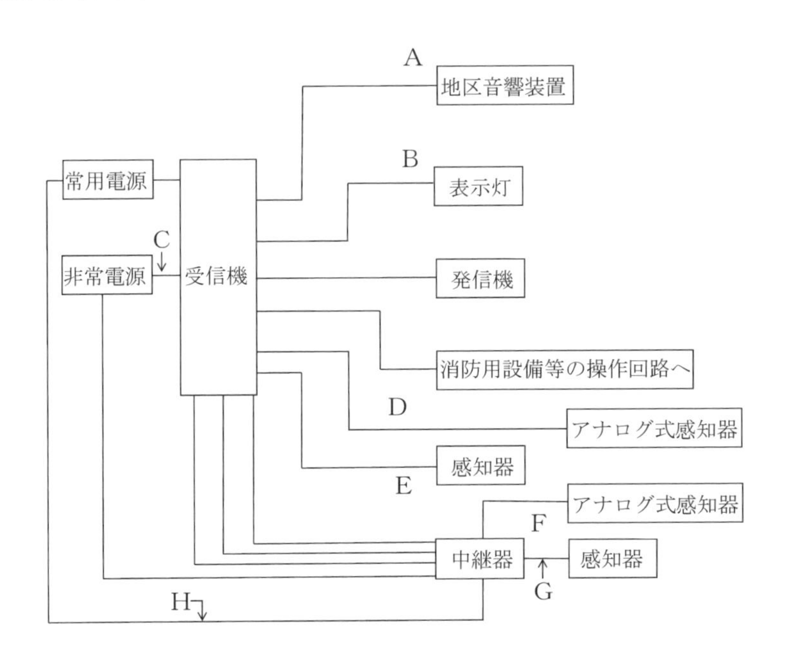

設問1 A～Hの配線について，耐火配線とすることとされている場合は①，耐熱配線とすることとされている場合は②，一般配線でもよいとされている場合は③をそれぞれ解答欄に記号で記入しなさい。

＜条件＞

1．受信機及び中継機には予備電源が内臓されているものとする。
2．発信機は他の消防用設備等の起動装置を兼用していないものとする。

設問2 600ボルト2種ビニル絶縁電線と合成樹脂管を用いて，耐火配線工事をする場合の施工方法を簡潔に答えなさい。

解答欄

	A	B	C	D	E	F	G	H
設問1								
設問2								

問題6の解説・解答

＜解説＞

設問1　配線の耐火，耐熱保護の範囲を簡単な図で表すと，次のようになります。

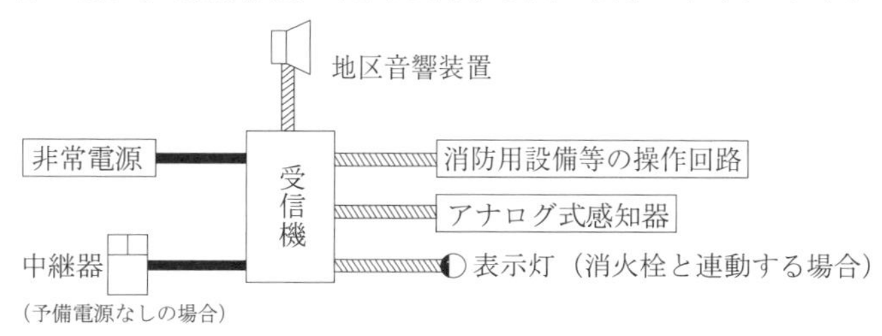

耐火，耐熱配線は，上記の図の通りで，その他は一般配線になります。ただし，条件1より，受信機には予備電源が内蔵されているので，Cは**一般配線**でよいことになります。また，Bの表示灯は，発信機が他の消防用設備等と兼用していないので，**一般配線**になります。

設問2　耐火配線工事の方法は次のとおりです。

使用する電線	工事の方法
1．600 V 2種ビニル絶縁電線（HIV），（またはこれと同等以上の耐熱性を有する電線⇒下の表）	**金属管※等に収めて埋設工事を行う（埋設深さは壁体等の表面から10 mm以上）。**
2．耐火電線（FP）または MIケーブル	露出配線とすることができる。

※金属管等（金属管，可とう電線管，**合成樹脂管**など）

なお，耐熱配線工事の方法は，次のとおりです。

使用する電線	工事の方法
1．600 V 2種ビニル絶縁電線（HIV），（またはこれと同等以上の耐熱性を有する電線⇒次項下の表）	金属管等に収める（埋設工事は不要）。
2．耐火電線（FP）耐熱電線　または　MIケーブル	露出配線とすることができる。

解答

	A	B	C	D	E	F	G	H
設問1	②	③	③	②	③	②	③	③
設問2	**600 V 2種ビニル絶縁電線を合成樹脂管に収めて埋設工事を行うが，埋設深さは壁体等の表面から10 mm以上としなければならない。**							

【問題7】 下の図のA〜Eは，感知器回路に接続する終端抵抗の取付け状態を示したものである。正しい接続状態のものを2つ選び記号で答えなさい。

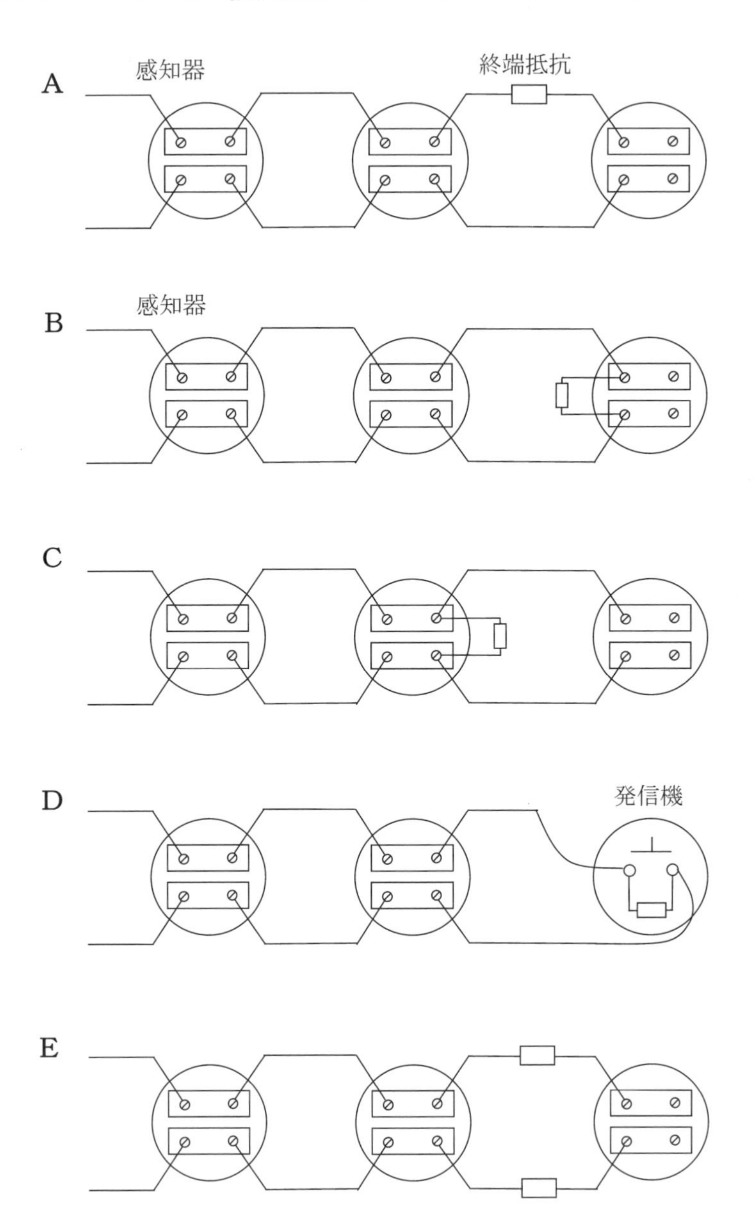

解答欄

問題 7 の解説・解答

<解説>

終端抵抗は，回路の末端にある感知器（発信機の場合は発信機）に設ける必要があります。

A　回路の末端ではない配線に設けてあるので，誤り。

B　回路の末端にある感知器に設けてあるので，正しい。

C　回路の末端ではない感知器に設けてあるので，誤り。

D　回路の末端にある発信機に設けてあるので，正しい。

E　回路の末端ではない配線に設けてあるので，誤り。

解答

B，D

【問題 8】 下図の回路において，ⓐ～ⓒのうち誤っている部分の記号を答え，その結果，どのような支障が生じるかを答えなさい。

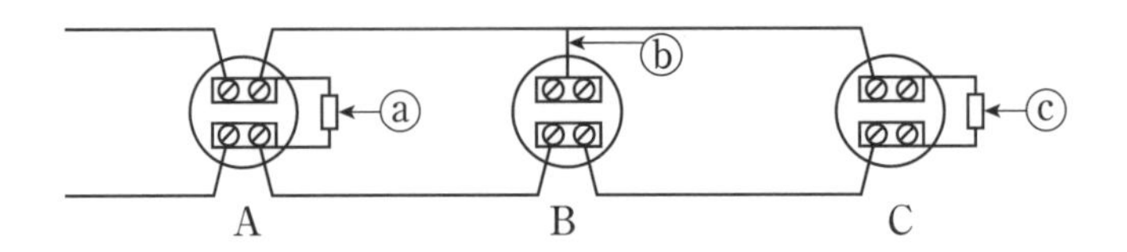

解答欄

記　号	生じる支障

問題 8 の解説・解答

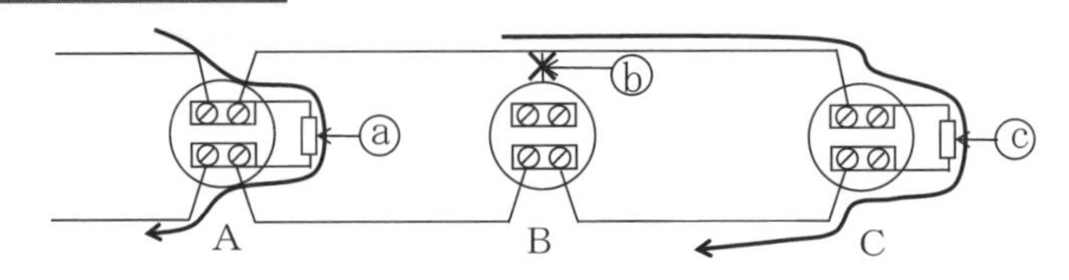

解答

記　号	生じる支障
ⓐ	回路導通試験を行っても試験電流がⓐの終端抵抗を経由して受信機に戻ってくるため，A の感知器以降で断線があってもそれを検出することができない。
ⓑ	配線がブランチ配線になっているので，図のⓑ点で断線が発生しても回路の末端まで試験電流が流れるので，断線を検出することが出来ない。

【問題９】 次の図は，感知器の接続状況の一部を示したものである。この感知器の信号回路についての説明文について，ア～カに適切な語句を入れなさい。

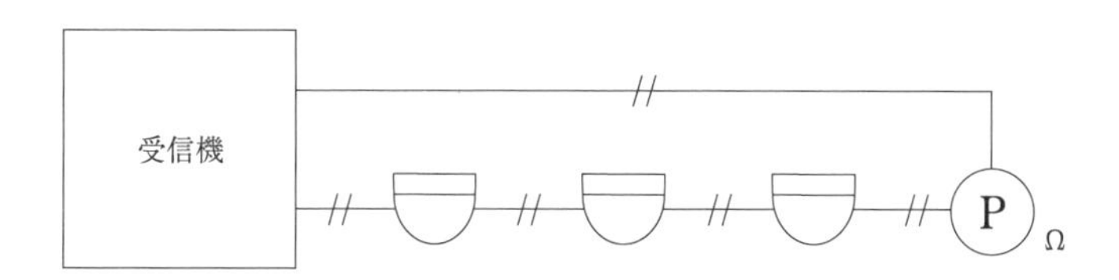

<説明文>

「感知器の信号回路は，容易に（ア）試験をすることができるように（イ）配線とするとともに回路の末端に発信機，押しボタン又は（ウ）が設けられている。ただし，配線が感知器若しくは（エ）からはずれた場合又は配線に（オ）があった場合に受信機が自動的に(カ)を発するものにあっては，この限りでないとされている。」

解答欄

ア	イ	ウ	エ	オ	カ

問題9の解説・解答

＜解説＞

この説明文は，消防法施行規則第24条1のイの条文から取ったものですが，回路の末端に終端器が接続されているので，１級の回路と判断でき，条文の下線部の部分が「終端器」のみになります。

・条文⇒「感知器の信号回路は，容易に**導通試験**をすることができるように，**送り配線**にするとともに回路の末端に**発信機，押しボタン又は終端器**を設けること。ただし，配線が感知器若しくは**発信機**からはずれた場合又は配線に**断線**があつた場合に受信機が自動的に**警報**を発するものにあっては，この限りでない。」

従って，正解は，次のようになります。

「感知器の信号回路は，容易に**（導通）**試験をすることができるように**（送り）**配線とするとともに回路の末端に発信機，押しボタン又は**（終端器）**が設けられている。ただし，配線が感知器若しくは**（発信機）**からはずれた場合又は配線に**（断線）**があった場合に受信機が自動的に**（警報）**を発するものにあっては，この限りでないとされている。」

解答

ア	イ	ウ	エ	オ	カ
導通	**送り**	**終端器**	**発信機**	**断線**	**警報**

図そのものは，P.191の問題5と同じです。
なお，本問は下のような図で出題される
可能性もありますが，答は同じです。

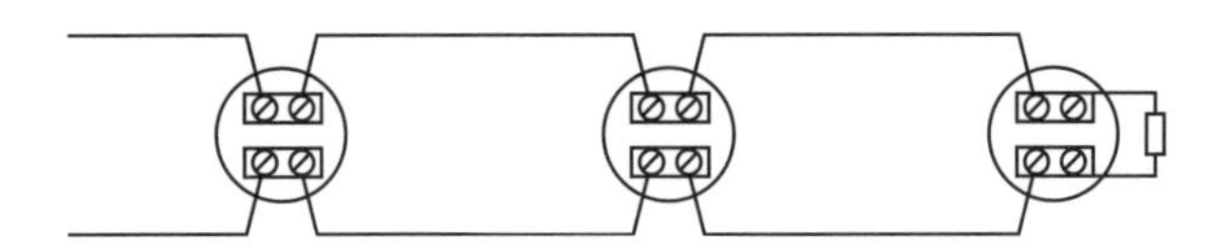

【問題10】 次の図は，自動火災報知設備の各配線系統図である。

図に示したA～Hの配線について，次の条件を考慮したうえで，耐火配線としなければならないものに◎，耐熱配線としなければならないものに○，一般配線でよいものに×を解答欄に記入しなさい。

＜条件＞

1．受信機及び中継機には予備電源が内臓されているものとする。
2．発信機は他の消防用設備等の起動装置を兼用していないものとする。

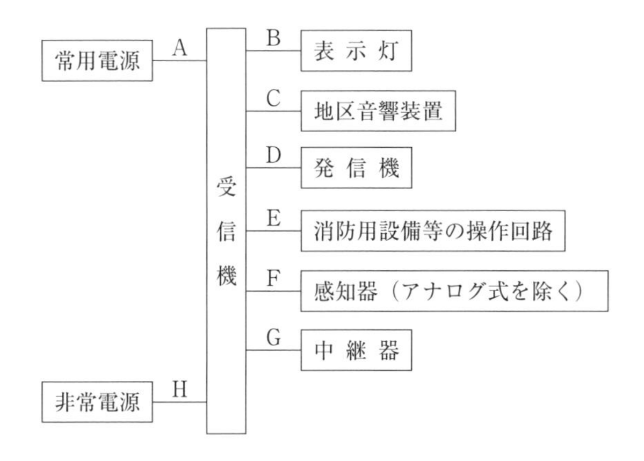

解答欄

A	B	C	D	E	F	G	H

問題10の解説・解答

＜解説＞

この問題は，P. 192 の問題 6 を別のタイプの図で出題したものです。

まず，耐火配線としなければならない部分はGとHが該当しますが，条件1より，受信機には予備電源が内蔵されているので，**一般配線**でよく，×になります。

次に，**耐熱配線**としなければならない部分は，Cの「受信機～地区音響装置」，Eの「受信機～消防用設備等の操作回路」になるので○。

なお，Bの「受信機～表示灯」間ですが，「発信機が他の消防用設備等の起動装置を兼用している場合」は，表示灯Bまでの配線を**耐熱配線**とする必要がありますが，条件の2に「兼用していない」とあるので，**一般配線**のままでよいことになり，×となります。

なお，「受信機～アナログ式の感知器」間は**耐熱配線**とする必要がありますが，「受信機～一般の感知器」間は**一般配線**でよいので，Fは×となります。

解答

A	B	C	D	E	F	G	H
×	×	○	×	○	×	×	×

【問題11】 次の図は，共同住宅にＰ型２級受信機が設置されている際の感知器の設置状況を示したものである。

矢印で示す器具は感知器回路の末端に設けられているが，その名称と設置目的を，それぞれ下記の語群から選び記号で答えなさい。

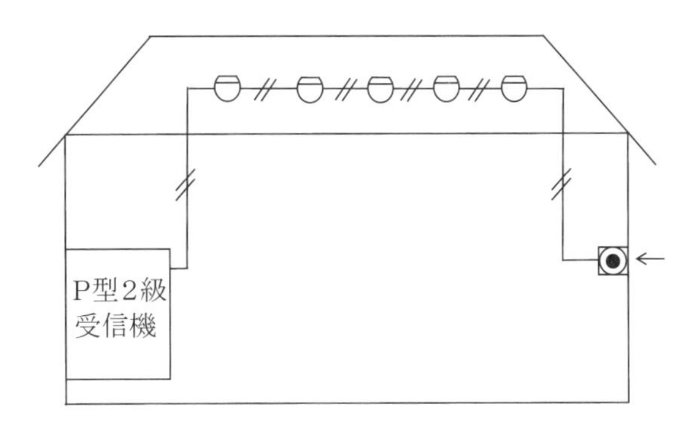

<語群>

ア．Ｐ型２級発信機
イ．Ｍ型発信機
ウ．終端抵抗器
エ．回路試験器
オ．消火栓起動ボタン
カ．火災の発生を知らせるため
キ．回路の導通試験を行うため
ク．火災作動試験を容易に行えるようにするため
ケ．連動している消火栓ポンプを起動するため
コ．配線間の短絡事故を発見するため

解答欄

・名　　称：
・設置目的：

問題11の解説・解答

＜解説＞

回路試験器は，P型2級受信機の回路の末端に設け，**導通試験**を行います(P. 151のイラスト参照)。

なお，末端が発信機の場合は，発信機を押して導通を確認するので，回路試験器は不要です。

解答

・名　　称：**エ**

・設置目的：**キ**

第8章

その他

・感知区域
・地区音響装置の鳴動方式
・消防機関に通報する火災報知設備
・警戒区域
　など

【問題１】 次の図は，部屋の梁（はり）の高さを示したものである。
次の各設問に答えなさい。

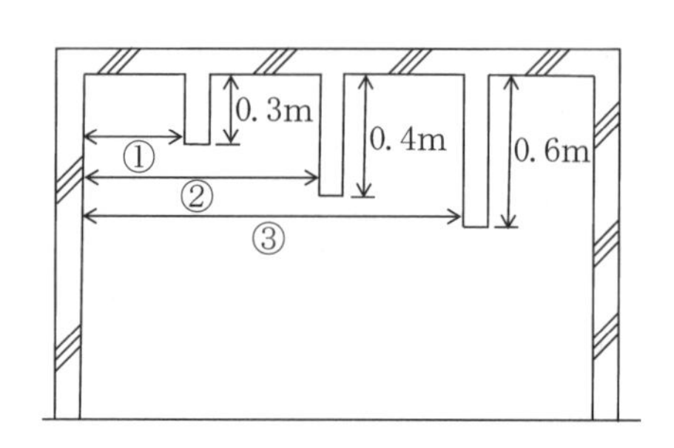

設問１　この部屋に差動式スポット型感知器（２種）を設置する際の感知区域として，適切なものを①～③のうちから答えなさい。

設問２　この部屋に光電式スポット型感知器（２種）を設置する際の感知区域として，適切なものを①～③のうちから答えなさい。

解答欄

設問１	
設問２	

問題1の解説・解答

<解説>

感知区域は，『壁，または取り付け面から**0.4 m 以上**（差動式分布型と煙感知器は**0.6 m 以上**）突き出したはりなどによって区画された部分』となっています。

従って，設問1は原則どおり，**0.4 m 以上**，設問2は，煙感知器なので，③となります。

解答

設問1	②
設問2	③

以前にも触れたが，この感知区域の0.4と0.6，設置基準の0.3と0.6の組み合わせには注意するんじゃよ。

●設置基準⇒取り付け面の下方 0.3 m 以内
（煙感知器は 0.6 m）

●感知区域の「はり」⇒0.4 m 以上
（差動式分布型と煙感知器は 0.6 m）

【問題2】 次の図は，地区音響装置の区分鳴動方式に該当する防火対象物を示したものである。次の各設問に答えなさい。ただし，防火対象物の地区音響装置は，音声により警報を発するものではないこととする。

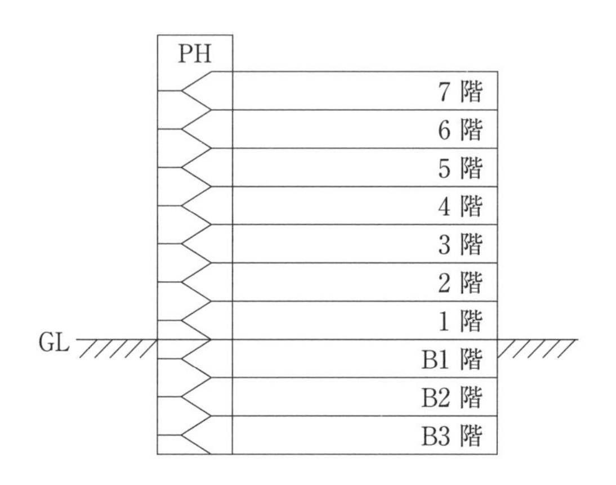

設問1 次の文中の（ ）内に当てはまる数値を答えなさい。

地区音響装置において，区分鳴動方式とする必要がある防火対象物は，地階を除く階数が（①）以上で，延べ面積が（②）m^2 を超える防火対象物である。

設問2 地区音響装置の鳴動が，区分鳴動から一斉鳴動（全区域鳴動）に移行した際の理由として，適切なものを2つ答えなさい。

設問3 図において，地下1階（B1階）で火災が発生して感知器が作動した場合，初期の段階で鳴動させる階に○を，鳴動させない階に×をつけなさい。

解答欄

	①	②
設問1		
設問2	・ ・	

問題2の解説・解答

<解説>

設問2　地区音響装置の鳴動は全館一斉鳴動が原則ですが，設問1のような大規模な防火対象物では，最初は区分鳴動とし，「①**一定の時間が経過した場合**」「②**新たな火災信号を受信した場合**」には自動的に一斉鳴動へと移行するよう措置されている必要があります（⇒　全館一斉鳴動によるパニックを防ぐためです。）。

設問3　区分鳴動方式において，鳴動させる階は次のようになります。

①　原則	出火階とその直上階のみ鳴動すること。
②　出火階が1階または地階の場合	原則＋地階全部も（出火階以外も）鳴動すること。

従って，出火階が地階なので，②の条件になり，鳴動させる階は，「出火階＋その直上階＋地階すべて」となるため，1階と地階すべてということになります。

設問1，設問2の解答

	①	②
設問1	5	3000
設問2	・一定の時間が経過した場合 ・新たな火災信号を受信した場合	

設問3の解答

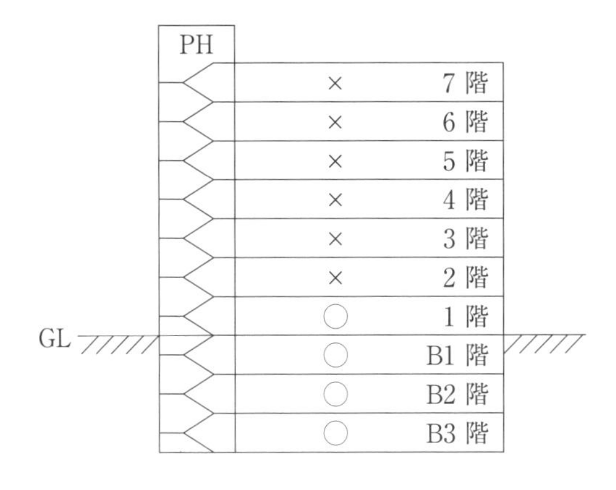

【問題3】 下の写真に示す消防機関に通報する火災報知設備について，次の各設問に答えなさい。

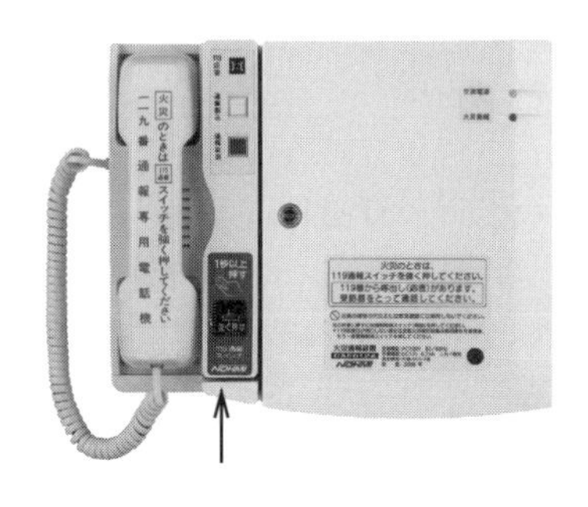

設問1 この機器の名称及び矢印部分の名称を答えなさい。

設問2 下記の説明文中の空欄ア～オに入る語句を答えなさい。

<説明文>

これは，火災が発生した場合において，[ア]を操作することにより，又は[イ]からの[ウ]を受けることにより，電話回線を使用して消防機関を呼び出し，[エ]により[オ]するとともに通話を行うことができる装置である。
なお，発信の際，電話回線が使用中の場合は，[カ]に発信可能な状態とする。

設問3 この機器を設置する場合，構内交換機の一次側，二次側いずれに接続するかを答えなさい。

解答欄

設問1	・機器の名称： ・矢印部分の名称：	
設問2	ア	
	イ	
	ウ	
	エ	
	オ	
	カ	
設問3		

問題3の解説・解答

＜解説＞

設問2

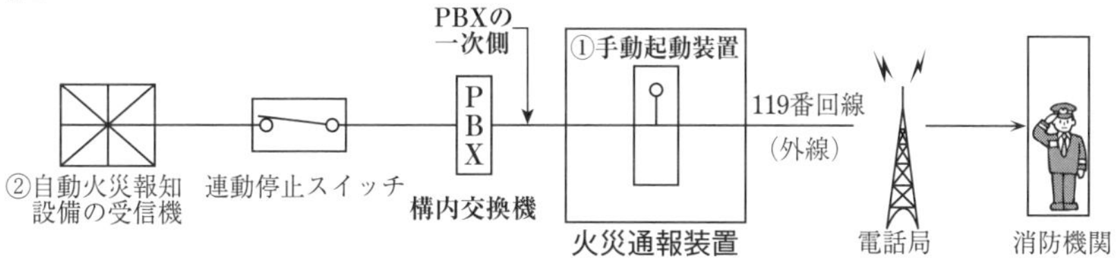

（PBX：**構内交換機**の記号で，内線どうし，または内線と外線をつなぐ装置で，この交換機の一次側に火災通報装置を設置します（つまり，**交換機の一次側と電話会社からの外線との間**に設置する。⇒「一次側」は出題例がある）。）

上の図より，正解は，次のようになります。

「これは，火災が発生した場合において，**手動起動装置**を操作することにより，又は**自動火災報知設備**からの**火災信号**を受けることにより，電話回線を使用して消防機関を呼び出し，**蓄積音声情報**により**通報**するとともに「通話」を行うことが（これを（　）にした出題例あり）できる装置である。なお，発信の際，電話回線が使用中の場合は，「**強制的**」に発信可能な状態とする。」

なお，蓄積音声情報とは，あらかじめ住所や施設名および火災が発生した旨などを記憶させてある音声情報のことです。

設問3　構内交換機（PBX）は，内線どうし，または内線と外線をつなぐ装置で，この交換機の**一次側**に火災通報装置を設置します（つまり，交換機の一次側と電話会社からの外線との間に設置する。

解答

設問		
設問1	・機器の名称：**火災通報装置** ・矢印部分の名称：**手動起動装置**	
設問2	ア	**手動起動装置**
	イ	**自動火災報知設備**
	ウ	**火災信号**
	エ	**蓄積音声情報**
	オ	**通報**
	カ	**強制的**
設問3	**一次側**	

【問題 4】 消防機関へ通報する火災報知設備について，次の（1）（2）に入る適切な機器を下記の写真ア～クから選び，記号で答えなさい。

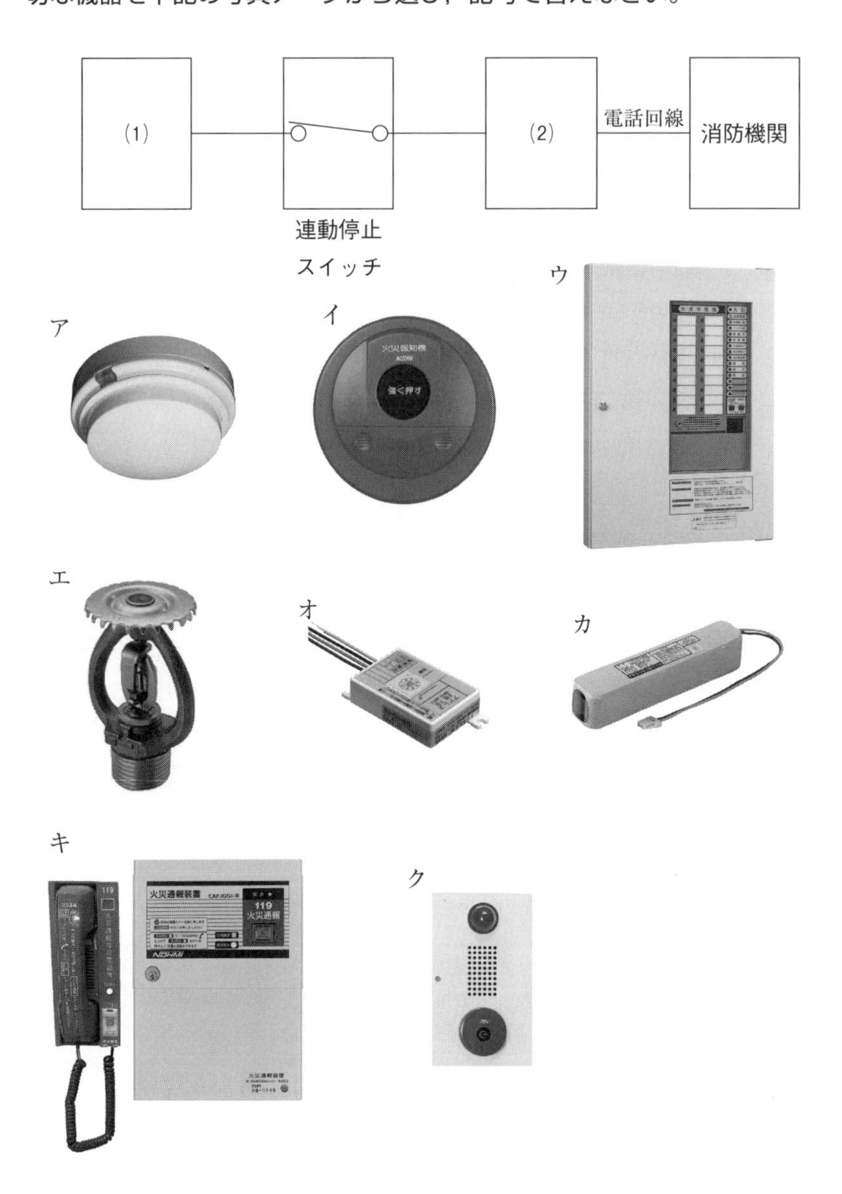

解答欄

(1)	
(2)	

問題 4 の解説・解答

<解説>

図は火災通報装置の構成図です。

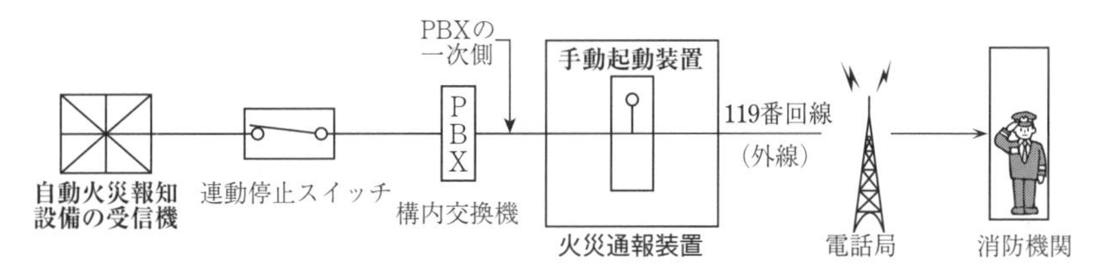

PBX：**構内交換機**の記号で，内線どうし，または内線と外線をつなぐ装置で，この交換機の一次側に火災通報装置を設置します（つまり，**交換機の一次側と電話会社からの外線との間**に設置する。⇒「一次側」は出題例がある）。

従って，(1) には**自動火災報知設備の受信機**，(2) には，**火災通報装置**が入ります。

解答

(1)	ウ
(2)	キ

アは差動式スポット型感知器，イは発信機，エはスプリンクラーヘッド，オは中継器，カは予備電源，クは機器収容箱だよ。

さあ
ラストスパートだ!!
必勝
!

第9章

ガス漏れ火災報知設備

【問題１】 下の図は，ガス漏れ火災警報設備の構成例（一部省略している部分が有る）を示したものである。次の各設問に答えなさい。なお，貫通部とは，燃料用ガスを供給する導管が防火対象物の外壁を貫通する部分をいう。

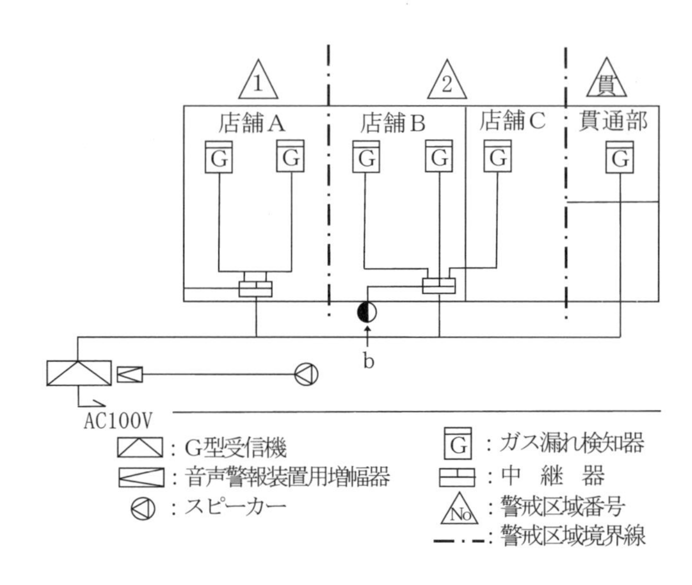

設問１　下記の説明文のア～エのうち「正しいものに○」，「誤っているものに×」の記号で答えなさい。

<説明文>

ア．検知器の検知方式は，半導体式，接触燃焼式，気体熱伝導度式の３種類に分類される。 イ．ガス漏れ検知器の標準遅延時間と受信機の標準遅延時間の合計は，30 秒以内である。 ウ．中継器（蓄積式を除く）の受信開始から発信開始までの所要時間は，90 秒以内である。 エ．有電圧出力方式とは，通常監視時とガス漏れ検知時に異なる電圧を出力する方式である。

設問 2　ガス漏れの発生を通路にいる者に警報する b の名称および前方何 m から離れた地点から識別できる必要があるかを答えなさい。

設問 3　b を設けなくてもよい店舗は，A～C のうちどれか。

設問 4　図において，最低限必要とされる b の個数を答えなさい（b も含めた個数とする）。

解答欄

	ア	イ	ウ	エ
設問 1				
設問 2	・ ・			
設問 3				

問題 1 の解説・解答

＜解説＞

設問 1

イ．「ガス漏れ検知器の標準遅延時間と受信機の標準遅延時間の合計は，**60 秒以内**であること，ただし，中継器を介する場合は，中継器の受信から発信までの 5 秒を足した **65 秒以内**とすることができる。」となっています。

ウ．中継器の受信開始から発信開始までの所要時間は，**5 秒以内**です。

エ．有電圧出力方式とは，通常監視時とガス漏れ検知時に異なる電圧を出力する方式で，通常監視時は DC 6 V で監視し，ガスを検知して警報を発するときは DC 12 V で発するという方式です。ちなみに，電源が外された場合は 0 V になります。

設問２　ガス漏れ表示灯は，前方**３m**離れた地点で点灯していることを明らかに識別できるように設ける必要があります。

設問３，４　図の店舗の場合，すべて通路に面しているので，ガス漏れ表示灯は通路に面する部分の出入り口付近に設ける必要がありますが，店舗Ａのように，１室で１警戒区域となっている場合は，ガス漏れ表示灯の設置を省略することができます(警戒区域境界線の表示に注意)。よって，**店舗Ａのガス漏れ表示灯が省略できる**ので，店舗Ｂと店舗Ｃの２個ということになります。

解答

<table>
<tr><td rowspan="2">設問１</td><td>ア</td><td>イ</td><td>ウ</td><td colspan="2">エ</td></tr>
<tr><td>○</td><td>×</td><td>×</td><td colspan="2">○</td></tr>
<tr><td>設問２</td><td colspan="5">・ガス漏れ表示灯
・３m</td></tr>
<tr><td>設問３</td><td>店舗Ａ</td><td colspan="2">設問４</td><td colspan="2">２個</td></tr>
</table>

類題

次の図は，ガス漏れ火災警報設備の構成例である。①から⑤までの名称を次の語群から選び記号で答えなさい。

<語群>

ア　電源回路	イ　地区音響装置	ウ　地区表示灯	エ　火災灯
オ　ガス漏れ灯	カ　検知器電源回路	キ　回線選択スイッチ	
ク　主音響装置	ケ　信号回路	コ　故障灯	

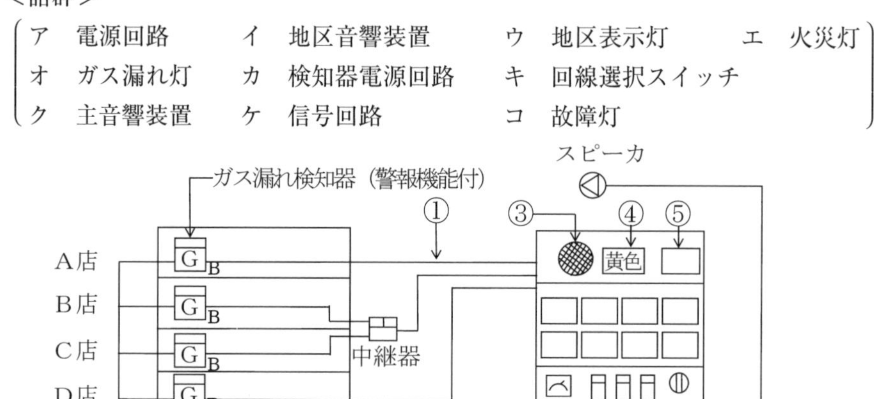

解答　①　ケ　　②　カ　　③　ク　　④　オ　　⑤　コ

（この問題の左右を入れ替えたような問題がP. 228の問題７にあります）

【問題 2】 下の図は，燃料用ガスを供給する導管が防火対象物の外壁を貫通する部分を示したものである。

この部分にガス漏れ検知器を設ける場合，A〜D の消防法令に定められている距離を下記語群から選び，その記号を解答欄に記入しなさい。(記号の重複使用可)

なお，天井にはり等及び吸気口はない。

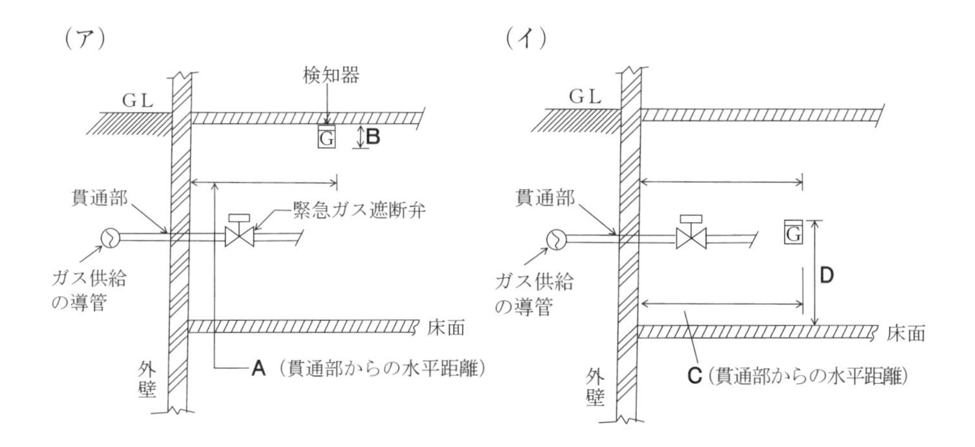

<語群>

ア．0.15 m 以内	カ．3 m 以内
イ．0.3 m 以内	キ．4 m 以内
ウ．0.5 m 以内	ク．5 m 以内
エ．0.6 m 以内	ケ．6 m 以内
オ．0.8 m 以内	コ．8 m 以内

解答欄

A	B	C	D

問題2の解説・解答

＜解説＞

ガス漏れ検知器の設置基準については，次のようになっています。

(1) 空気に対する比重が1**未満**のガスの場合

① ガス燃焼機器（または導管の貫通部分）から水平距離で**8m以内**，および天井から**0.3m以内**に設けること。

② 天井面に**0.6m以上**突き出したはりなどがある場合は，そのはりなどから内側（燃焼機器または貫通部分のある側）に設けること。

⇒ ガス漏れを検知しやすくするためです。

③ 天井付近に吸気口がある場合は，その**吸気口付近**に設けること。

⇒ 漏れたガスが吸気口へと流れるからです。

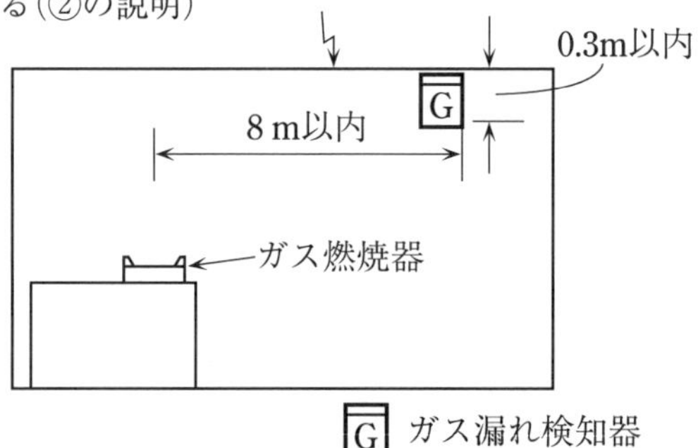

(2) 空気に対する比重が1**を超える**ガスの場合（空気より重いガスの場合）

○ ガス燃焼機器（または導管の貫通部分）から水平距離で**4m以内**，および床面から上方**0.3m以内**の壁などに設けること。

以上より，（ア）は，検知器が天井付近に設けられているので，上記(1)の「空気に対する比重が1未満のガスの場合」に該当し，（イ）は，検知器が床面付近に設けられているので，上記(2)の「空気に対する比重が1を超えるガスの場合」に該当します。よって，Aは**8m以内**，Bは**0.3m以内**，Cは**4m以内**，Dは**0.3m以内**となります。

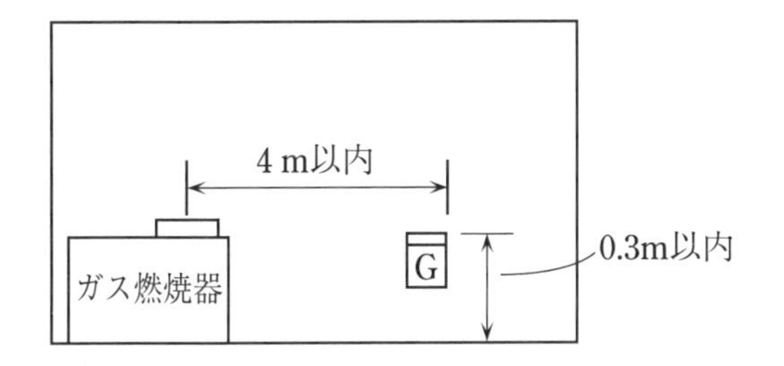

解答

A	B	C	D
コ	イ	キ	イ

なお，空気より軽いガス用，空気より重いガス用のほかに，両者に使用できる「全ガス用検知器」なるものがあるが（使用例は少ない），使用する場所の対象となるガスに応じて，その設置基準に従って設置するものなんじゃ。（両者に使用可ということで，天井と床面の中間に設置するものではないので，注意）。

【問題3】 次の図はG型6回線受信機のガス漏れ火災警報設備の構成を示したものである。次の各設問に答えなさい。

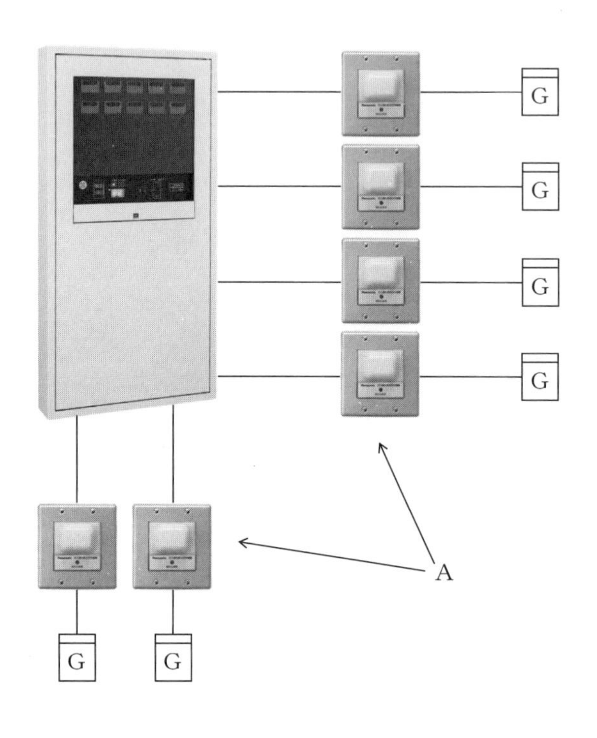

凡例

G ：ガス漏れ検知器

設問1　図の矢印Aで示す機器の名称を答えなさい。

設問2　機器点検において，図の矢印Aの作動確認灯の点灯からガス漏れ灯が点灯するまでの時間は何秒以内であれば正常とされているかを答えなさい。

解答欄

設問 1	
設問 2	

問題 3 の解説・解答

<解説>

設問 2 中継器の規格省令第 4 条には,「①中継器の受信開始から発信開始までの所要時間は, **5 秒以内**でなければならない。ただし, ガス漏れ信号に係る当該所要時間にあっては, ②ガス漏れ信号の受信開始からガス漏れ表示までの所要時間が 5 秒以内である受信機に接続するものに限り, **60 秒以内**とすることができる。」となっています。

また, 受信機の規格省令第 11 条より,「③ガス漏れ信号の受信開始からガス漏れ表示までの所要時間は, **60 秒以内**であること。」となっています。

従って, 下線部①の場合(つまり, 原則の場合), 中継器の 5 秒以内と下線部③の 60 秒以内とで, 中継器の作動確認灯の点灯から受信機のガス漏れ灯の点灯までは 5＋60＝**65 秒以内**でなければならないことになります。

また, 下線部②の, ガス漏れ信号の受信開始からガス漏れ表示までの所要時間が 5 秒以内である受信機に接続する場合ですが, その場合は中継器の受信開始から発信開始までの所要時間を 60 秒以内とすることができるので, 結局, この場合も, 中継器の作動確認灯の点灯から受信機のガス漏れ灯の点灯までは, 60＋5＝**65 秒以内**でなければならないことになります。

よって,「作動確認灯の点灯から受信機のガス漏れ表示までの所要時間は **65 秒以内**」ということになります。

解答

設問 1	**ガス漏れ中継器**
設問 2	**65 秒以内**

【問題4】 下の写真は，天井面から下方0.3m以内の位置に取り付けられた，ある消防用設備等に使用される機器の一例である。
次の各設問に答えなさい。

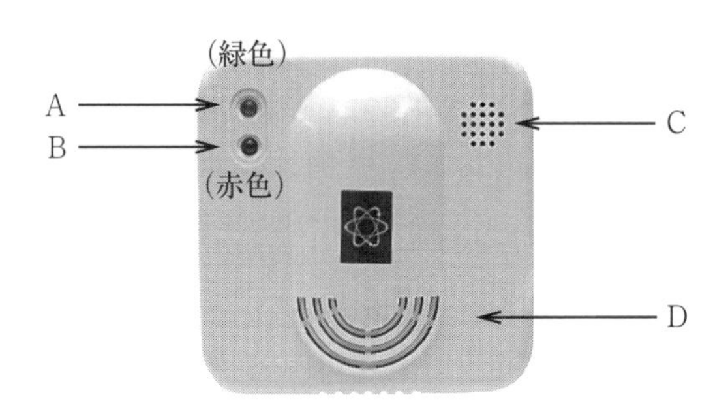

設問1　この機器の法令上の名称を答えなさい。

設問2　A～Dの名称を答えなさい。

設問3　警報ランプが点灯した時の，この機器の機能（働き）を2つ答えなさい。

設問4　この機器の標準遅延時間と受信機の標準遅延時間の合計は，何秒以内と定められているかを答えなさい。

解答欄

設問1			
設問2	A	B	C
設問3			
設問4			秒以内

問題 4 の解説・解答

<解説>

設問 2　A は正常に通電が行なわれている状態を表し，B はガス漏れ信号を発している状態を表します。

設問 4　標準遅延時間というのは，検知器の場合，**「検知器がガス漏れ信号を発する濃度のガスを検知してから，ガス漏れ信号を発するまでの標準的な時間」**のことで，受信機の場合は**「受信機がガス漏れ信号を受信してから，ガス漏れが発生した旨の表示をするまでの標準的な時間」**のことをいいます。規則では，この遅延時間の両者の合計は **60 秒以内**とされています。

解答

設問 1	**ガス漏れ検知器**			
設問 2	A	B	C	D
	通電表示灯(または**電源灯，電源ランプ**)	**作動表示灯**(または**警報ランプ，警報灯**)	**警報ブザー**	**ガス検知部**(または**ガス検出部**)
設問 3	・**受信機や中継器にガス漏れ信号を発信する。** ・**ガス漏れの発生を音響により警報する。**			
設問 4	**60** 秒以内			

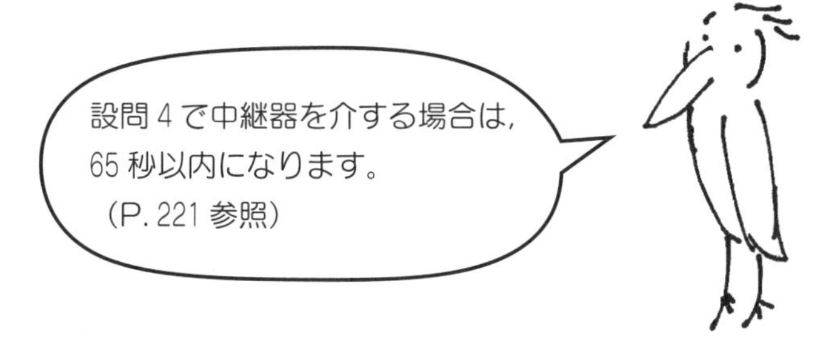

【問題5】 次のG型受信機について，次の各設問に答えなさい。

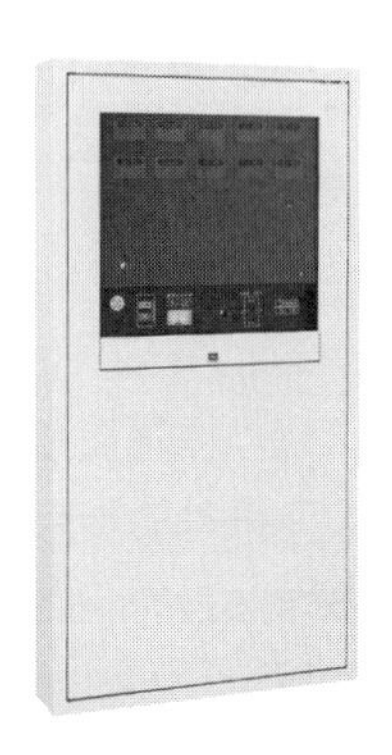

設問1　この受信機がガス漏れ信号を受信してからガス漏れ表示を行うまでの所要時間を答えなさい。

設問2　ガス漏れ灯の色を答えなさい。

設問3　ガス漏れ信号を複数箇所から受信する場合，何回線まで表示することができるか，その回線数を答えなさい。

解答欄

設問1	
設問2	
設問3	

問題5の解説・解答

＜解説＞

設問3　受信機の規格には，**「2回線からのガス漏れ信号を受信しても，ガス漏れ表示ができること」**となっています。

解答

設問1	**60秒以内**
設問2	**黄色**
設問3	**2回線**

設問1は，P. 215の解説文中，イの下線部を参照して下さい。

【問題6】 イマヒトツ…

下の図は，ガス漏れ火災警報設備に用いるG型受信機である。次の各設問に答えなさい。

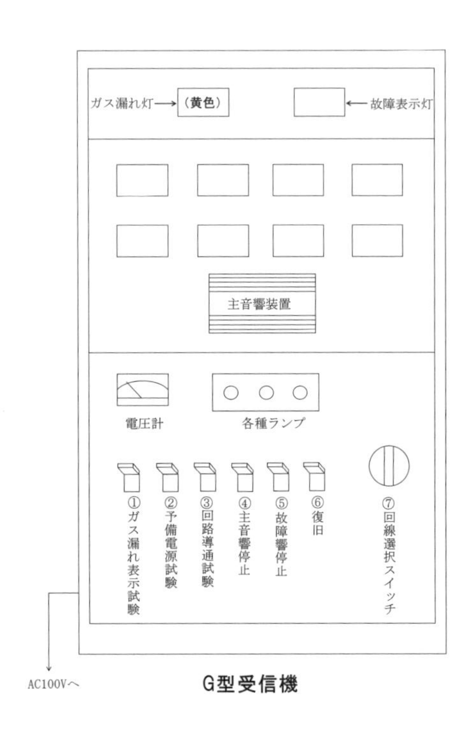

G型受信機

設問1　この受信機の「ガス漏れ表示試験」を行う場合，必要なスイッチの操作手順として，正しい順序をスイッチ番号で答えなさい。

解答欄

設問1

⇒　⇒　⇒

設問2　この受信機の「回路導通試験」を行う場合，必要なスイッチの操作手順として，正しい順序をスイッチ番号で答えなさい。

解答欄

設問2

	⇒	

問題6の解説・解答

<解説>

設問1　P型1級受信機の火災試験スイッチが「ガス漏れ試験スイッチ」，火災灯が「ガス漏れ灯」になるだけで，基本的にP型1級受信機の火災表示試験（⇒P. 139 問題11）と同じ操作になります。

なお，ガス漏れ表示試験では，**ガス漏れ表示の作動**（ガス漏れ灯の点灯），**主音響装置の作動**（鳴動），**地区表示装置の作動**（地区表示灯の点灯）を確認することができます。

設問2　こちらの方は，P型1級受信機の「回路導通試験」と同じ操作になります。

設問1の解答

① ⇒ ⑦ ⇒ ⑥ ⇒

設問2の解答

③ ⇒ ⑦

【問題7】 次の図は，G型受信機とガス漏れ火災報知設備の構成図である。図の①～⑥の装置および配線の名称を答えなさい。

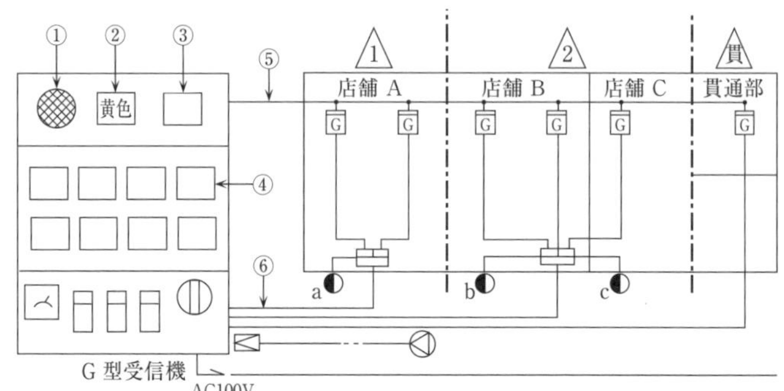

解答欄

①	
②	
③	
④	
⑤	
⑥	

問題6の解説・解答

解答

①	**主音響装置**
②	**ガス漏れ灯**
③	**故障灯**
④	**地区表示灯**
⑤	**検知器電源回路**
⑥	**信号回路**

（P. 216の類題を参照）

第10章

警 戒 区 域

【問題1】 次の防火対象物に自動火災報知設備を設置する場合,最小警戒区域数を答えよ(ただし,内部は見通しがきかない構造となっており,また,光電式分離型感知器は設置しないものとする)。

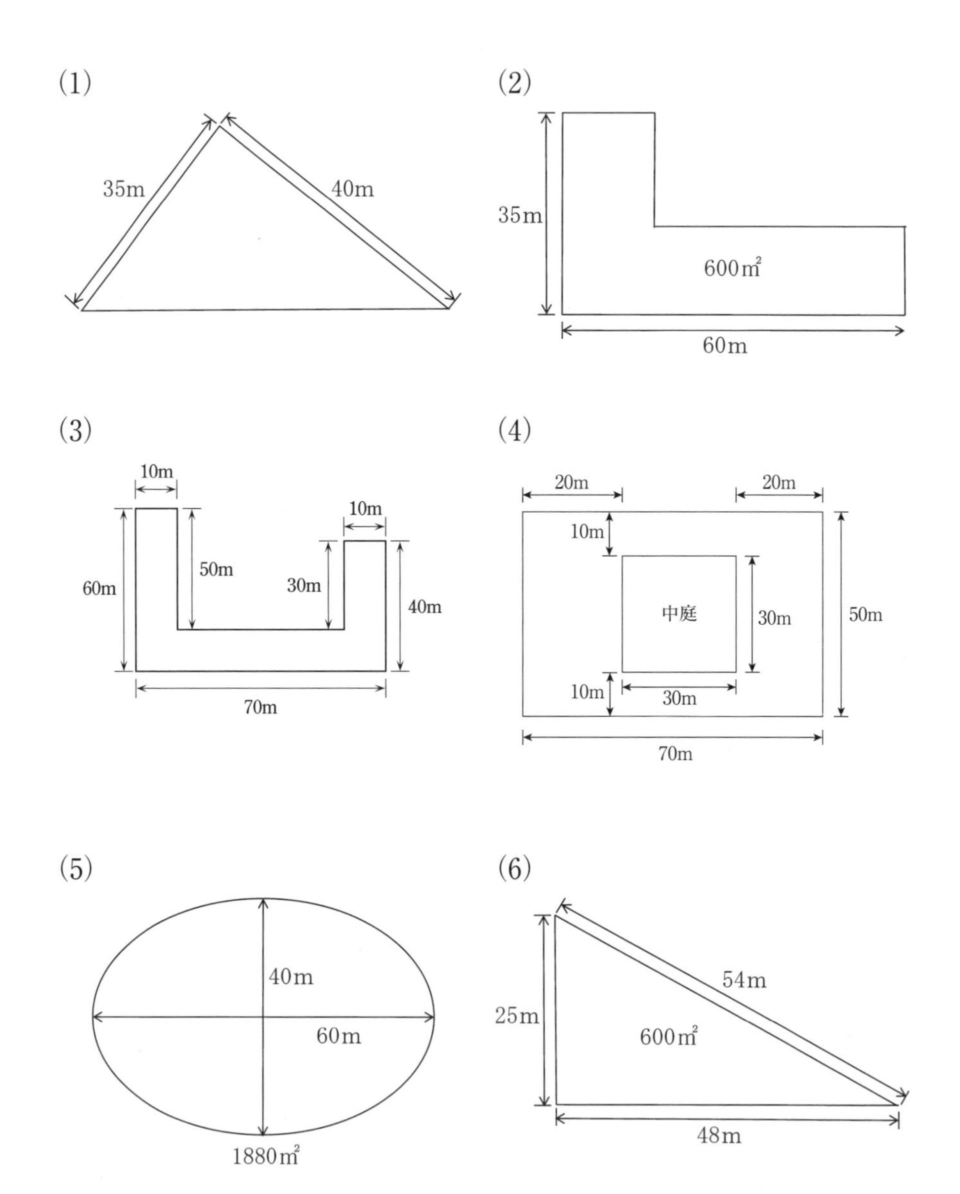

解答欄（数値だけ記入し，「警戒区域」は省略する）

(1)	(2)	(3)	(4)	(5)	(6)

問題1の解説・解答

<解説>

（注：－･－･－は警戒区域境界線です。）

(1) 40 m と 35 m の間の角度が不明なので，面積を 40×35×1／2 で求めるわけにはいけませんが，図からは 90° に近いのがわかるので，仮に 90° だとした場合，先ほどの計算は 700 m² になります。

実際の面積もこれに近いと思われるので，当然，2 警戒区域としなければならない面積となり，また，底辺の長さが 50 m を超えていると思われるので，結局，**2 警戒区域**となります。

(2) 図の底辺の長さは 50 m を超えており，また，右側部分の縦の長さは書いてありませんが，左側が 35 m なので，当然，50 m はありません。

従って，長さの制限を受けるのは，底辺の 60 m のみとなるため，図の中央付近で 2 分すれば，一辺の長さが 50 m 以下で 600 m² 以下という条件をクリアできるので，**2 警戒区域**となります。

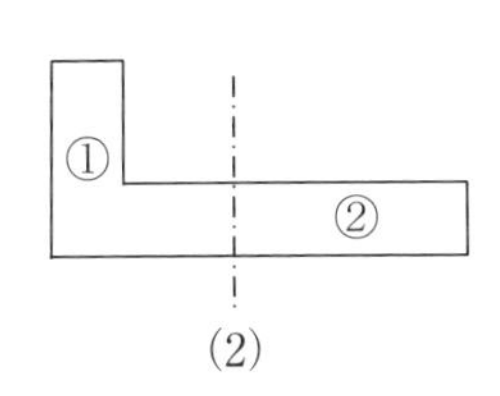

(2)

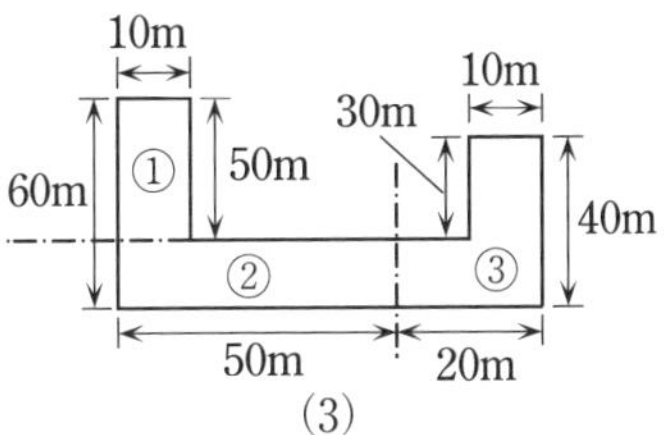

(3)

(3) 一辺の長さが 50 m を超える部分が 2 箇所あり，延べ面積も（70×10）+（10×50）+（10×30）=1500 m² となるので **3 警戒区域**とする必要があります。ここでは，図のような位置で 3 分割することにしました（いずれも 500 m²）。

①10m × 50m = 500 m²
②50m × 10m = 500 m²
③（10m × 30m）+（20m × 10m）
　= 300 m² + 200 m² = 500 m²

(4) 底辺が 50 m を超えているので，床面積が 600 m² 以下になるように，図のように5つに区分して**5警戒区域**となります。

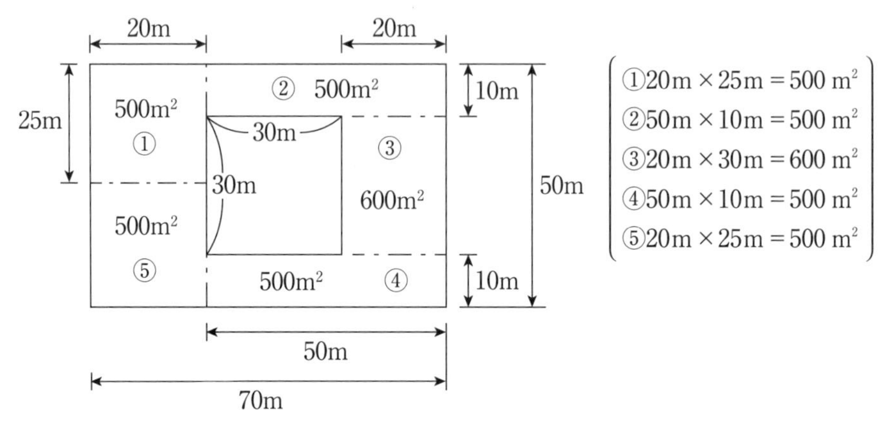

(5) 横が 50 m を超えているので，図のように分割すると，**4警戒区域**になります。

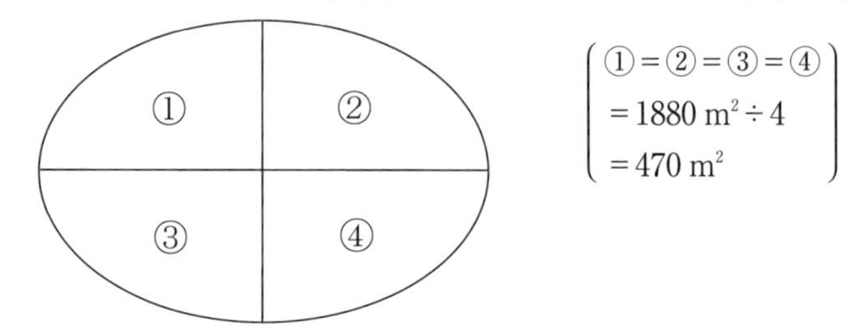

(6) 面積は1警戒区域に収まりますが，斜面が 50 m 超なので，2警戒区域になります。

解答

(1)	(2)	(3)	(4)	(5)	(6)
2	2	3	5	4	2

【問題 2】 次の図は，ある建物の 1 階の平面図である。階段とシャフトを同一警戒区域とするには，図の矢印部分が水平距離で何メートル以内のときか。

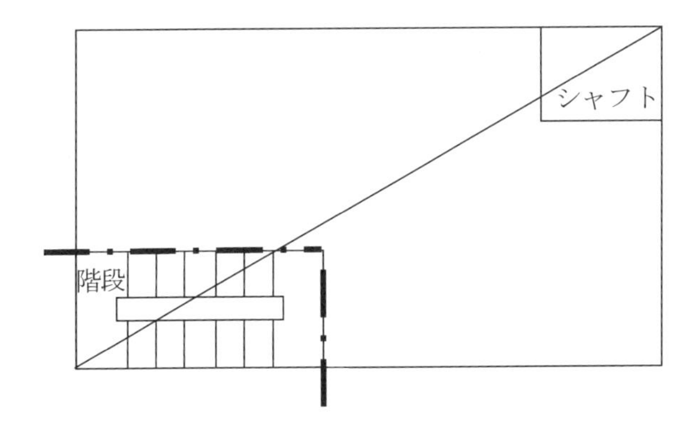

解答欄

以内

問題 2 の解説・解答

<解説>

階段，シャフト，エレベーター昇降路などの，たて穴区画については，水平距離で **50 m 以内**にあれば同一警戒区域とすることができます。

解答

50 m 以内

【問題3】 次の防火対象物に最も少ない数の警戒区域を設定する場合，図中に警戒区域番号（①，②……）を次頁の記入例にならって記入しなさい（階段は屋外階段ではない）。ただし，内部は見通しがきかない構造となっており，また，光電式分離型感知器は設置しないものとする（注：警戒区域境界線が必要な場合は，－·－·－·－で表示すること）。

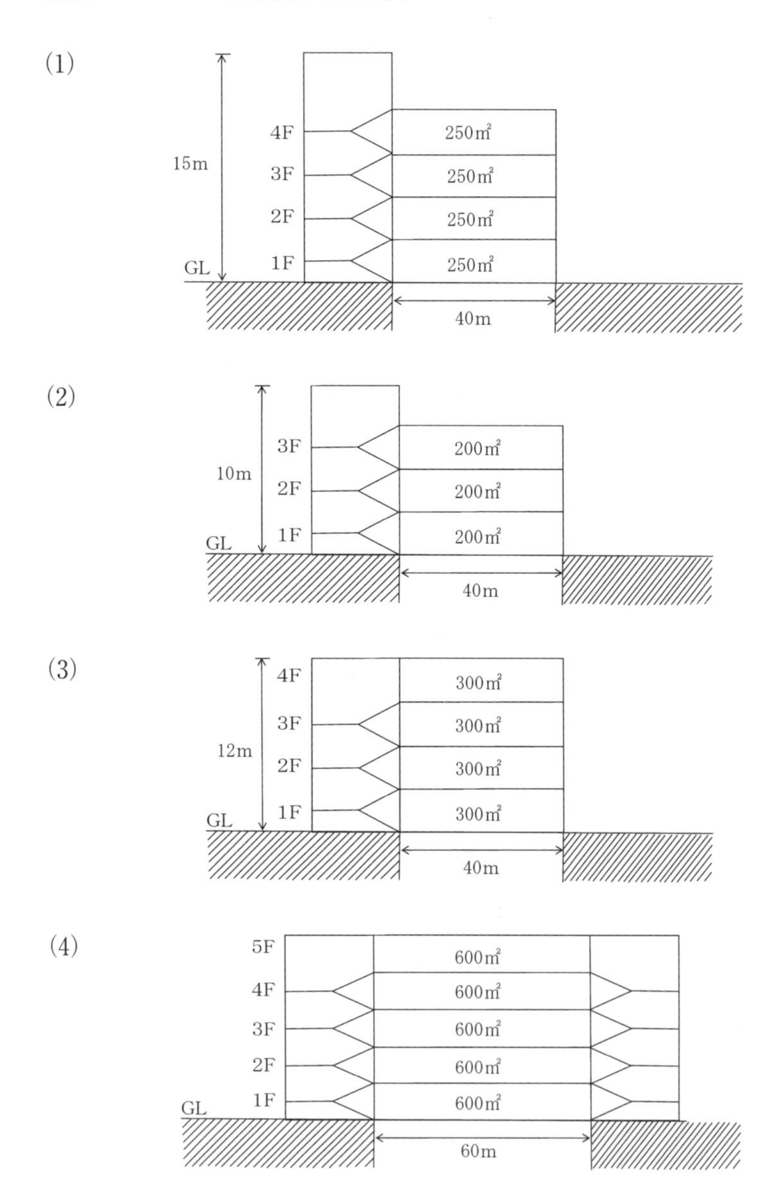

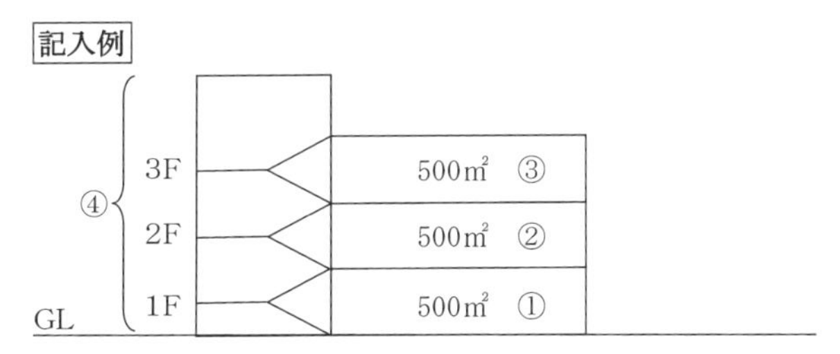

（２Ｆ以上の範囲になる場合は④の階段のようにカッコで範囲をカバーする）

問題３の解説・解答

＜解説＞

(1) 上下の階の床面積の合計が 500 m² 以下なので，２以上の階にわたって警戒区域を設定することができ，１階と２階で１つ，３階と４階で１つの警戒区域，階段で１警戒区域の計 **3 警戒区域**となります。

＊なお，各階の床面積が 100 m² であっても答は同じく３警戒区域となります。

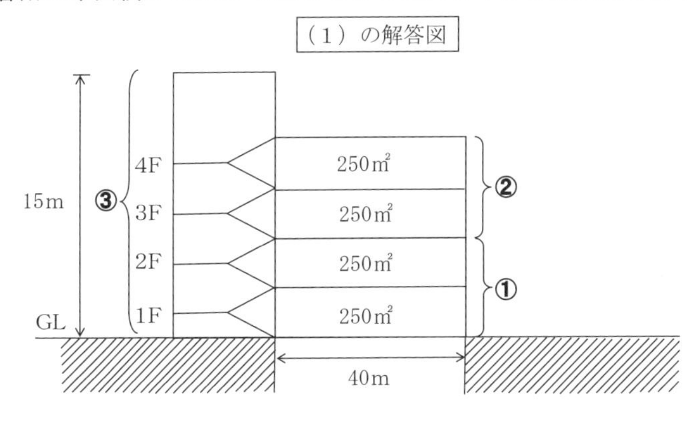

(2) 上下の階の床面積の合計が 500 m² 以下なので，２以上の階にわたって警戒区域を設定することができ，１階と２階で１つ，３階は１つのフロアで１つ，最後に，階段の１警戒区域の計 **3 警戒区域**となります。

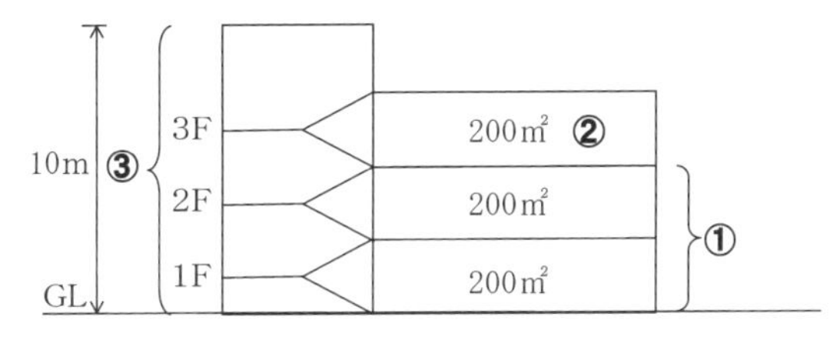

(3) 上下の階の床面積の合計が 500 m^2 を超えるので (600 m^2)，フロアごとに警戒区域を設定し，階段の1警戒区域と合わせて計**5警戒区域**となります。

なお，各階の床面積が 500 m^2 であっても，同じ状況となるので，解答は同じく5警戒区域となります。

（3）の解答図

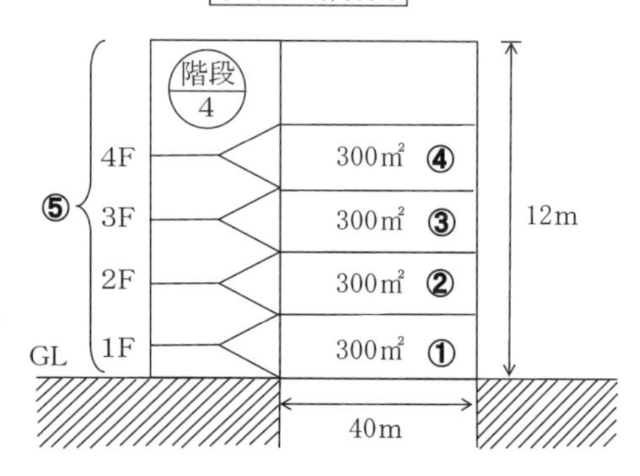

(4) 600 m^2 なので，1フロアで1警戒区域としたいところですが，一辺の長さが 50 m を超えているので，1フロアを2警戒区域とし，各警戒区域を 300 m^2 とします。また，階段どうしの距離も 50 m を超えているので，各階段で1警戒区域とします。

（4）の解答図

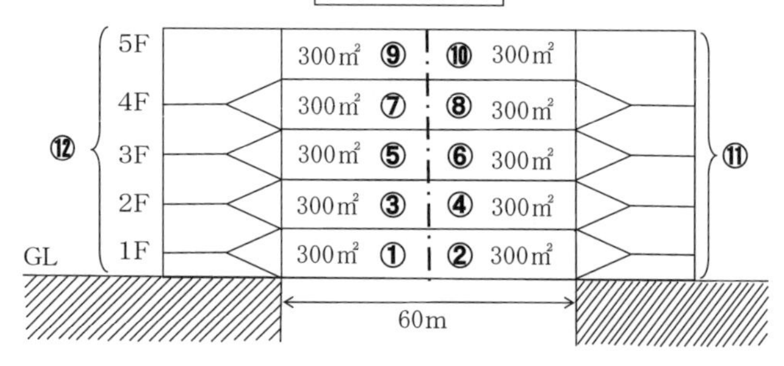

巻末資料　煙感知器設置禁止場所および熱感知器設置可能場所

（S型：スポット型）　（参考）

熱感知器 ＼ 煙感設置禁止場所	具体例	定温式	差動式分布型	補償式S型	差動式S型	炎感知器
① **じんあい**等が多量に滞留する場所	ごみ集積所，塗装室，石材加工場	○	○	○	○	○
② **煙**が多量に流入する場所	配膳室，食堂，厨房前室	○	○	○	○	×
③ **腐食性ガス**が発生する場所	バッテリー室，汚水処理場	○（耐酸）	○	○（耐酸）	×	×
④ **水蒸気**が多量に滞留する場所	湯沸室，脱衣室，消毒室	○（防水）	○（2種のみ）	○（2種のみ）（防水）	○（防水）	×
⑤ **結露**が発生する場所	工場，冷凍室周辺，地下倉庫	○（防水）	○	○（防水）	○（防水）	×
⑥ **排気ガス**が多量に滞留する場所	駐車場，荷物取扱所，自家発電室	×	○	○	○	○
⑦ 著しく**高温**となる場所	ボイラー室，乾燥室，殺菌室，スタジオ	○	×	×	×	×
⑧ 厨房その他煙が滞留する場所	厨房室，調理室，溶接所	○（防水）（二重下線）	×	×	×	×

（耐酸）　耐酸型または耐アルカリ型のものとする

（防水）　防水型のものとする

（防水）（二重下線）　高湿度となる恐れのある場合のみ防水型とする

読者の皆様方へご協力のお願い

小社では，常に本シリーズを新鮮で，価値あるものにするために不断の努力を続けております。つきましては，今後受験される方々のためにも，皆さんが受験された「試験問題」の内容をお送り下さい。（1問単位でしか覚えておられなくても構いません。なお，鑑別製図情報（手書き可）も大歓迎です。）
試験の種類，試験の内容について，また受験に関する感想を書いてお送りください。

お寄せいただいた情報に応じて薄謝を進呈いたします。
必ず，ご住所，電話番号，お名前をご記入の上，お送り下さい。
個人情報につきましては，薄謝ご送付に限っての使用となりますのでご安心下さい。
何卒ご協力お願い申し上げます。

〒546-0012
大阪市東住吉区中野 2-1-27
（株）弘文社　編集部宛

henshu2@kobunsha.org
FAX：06(6702)4732

著者略歴　**工藤　政孝**

学生時代より，専門知識を得る手段として資格の取得に努め，その後，ビルトータルメンテの㈱大和にて電気主任技術者としての業務に就き，その後，土地家屋調査士事務所にて登記業務に就いた後，平成15年に資格教育研究所「大望」を設立（その後「KAZUNO」に名称を変更）。わかりやすい教材の開発，資格指導に取り組んでいる。

【主な取得資格】

甲種第4類消防設備士，乙種第6類消防設備士，乙種第7類消防設備士，甲種危険物取扱者，第二種電気主任技術者，第一種電気工事士，一級電気工事施工管理技士，一級ボイラー技士，ボイラー整備士，第一種冷凍機械責任者，建築物環境衛生管理技術者，二級管工事施工管理技士，下水道管理技術認定，宅地建物取引主任者，土地家屋調査士，測量士，調理師，第1種衛生管理者など多数。

●法改正・正誤などの情報は，当社ウェブサイトで公開しております。
http://www.kobunsha.org/
●本書の内容に関して，万一ご不審な点や誤り，記載漏れなどお気付きの点がありましたら，郵送・FAX・Eメールのいずれかの方法で当社編集部宛に，書籍名・お名前・ご住所・お電話番号を明記し，お問い合わせください。なお，お電話によるお問い合わせはお受けしておりません。
郵送　〒546-0012　大阪府大阪市東住吉区中野2-1-27
FAX　(06)6702-4732
Eメール　henshu2@kobunsha.org
●本書をご利用されて得た結果については，上項に関わらず責任を負いかねますのでご了承下さい。

第4類消防設備士　過去問題集　鑑別編

編著者　工藤政孝
印刷・製本　㈱太洋社

発行所　株式会社　弘文社
〒546-0012 大阪市東住吉区中野2丁目1番27号
☎ (06)6797―7441
FAX (06)6702―4732
振替口座 00940―2―43630
東住吉郵便局私書箱1号

代表者　岡崎　靖

● 落丁・乱丁本はお取り替えいたします。